河南省职业教育品牌示范校建设项目成果

电气控制与 PLC 应用

主　编　孔祥伟　马红雷
副主编　朱艳青　李增泉

U0364526

黄河水利出版社

·郑州·

内 容 提 要

　　本书是河南省职业教育品牌示范院校建设项目成果。本书共分七个项目,以实践教学和理论教学有机融合为主线,重点突出动手操作,把基本知识贯穿在项目中。其中,前三个项目是电气控制部分,主要内容是基本控制电路、典型机械设备电气控制系统;后四个项目是可编程控制器部分,主要内容是可编程控制器的结构、工作原理、基本指令、设计方法和编程技巧。

　　本书可作为高职高专院校的电气自动化、自动控制、电机电器、机电一体化、机械电子应用等专业的教学用书,也可供相关工程技术人员自学参考。

图书在版编目(CIP)数据

电气控制与 PLC 应用/孔祥伟,马红雷主编. —郑州:
黄河水利出版社,2016.6
河南省职业教育品牌示范院校建设项目成果
ISBN 978 - 7 - 5509 - 1398 - 1

Ⅰ.①电… Ⅱ.①孔…②马… Ⅲ.①电气控制 -
高等职业教育 - 教材②PLC 技术 - 高等职业教育 - 教材
Ⅳ.①TM571.2②TM571.6

中国版本图书馆 CIP 数据核字(2016)第 078807 号

组稿编辑:陶金志　　电话:0371-66025273　　E-mail:838739632@ qq.com

出　版　社:黄河水利出版社
　　　　地址:河南省郑州市顺河路黄委会综合楼 14 层　邮政编码:450003
发行单位:黄河水利出版社
　　　　发行部电话:0371 - 66026940、66020550、66028024、66022620(传真)
　　　　E-mail:hhslcbs@ 126.com
承印单位:河南承创印务有限公司
开本:787 mm×1 092 mm　1/16
印张:12.75
字数:310 千字　　　　　　　　　　　印数:1—1 000
版次:2016 年 6 月第 1 版　　　　　　印次:2016 年 6 月第 1 次印刷
定价:32.00 元

前 言

本书根据高等职业教育"淡化理论,够用为度,培养技能,重在应用"的原则编写,并充分考虑到电气控制技术的实际应用和发展情况,按照高职高专的教育特色,突出应用型知识的学习和能力的培养,力求使基础知识和工程实际紧密联系。在编写过程中以实际应用和便于学习为目标,与目前先进技术产品相结合,力求突出实用性、先进性、项目化。叙述方法采用突出实践的项目教学方法,尽可能体现出高职高专教材的特色。

本书主要介绍了电气控制技术及系统设计、可编程控制器原理和应用,系统地阐述了电气控制和可编程控制器分析与设计的一般方法。全书共分为七个项目,通过项目来阐述所要掌握的理论知识和要实践的内容,达到理论联系实际的目的。项目一至项目三介绍的是电气控制,主要内容包括常用的低压电器控制线路的基本环节、典型机械设备电气控制系统分析、一般控制电路的设计和检修方法。项目四至项目七介绍的是可编程控制器,主要介绍的是日本松下电工FP0系列机型,主要内容包括可编程控制器结构及工作原理、指令系统、梯形图及编程方法和可编程控制器的应用。每个项目及子项目都附有适量的思考习题和练习。

本书编写分工如下:永城职业学院马红雷编写项目一、项目三;朱艳青编写项目二、项目四;孔祥伟编写项目五、项目六;李增泉编写项目七;赵淑红、李奕晓参与审稿;张学武为编写工作提供了大量的资料。本书由孔祥伟、马红雷任主编,朱艳青、李增泉任副主编;由赵淑红、李奕晓、张学武参编,在此表示衷心的感谢!

本书可作为高职高专机电一体化、自动化、电气技术、应用电子、数控技术及相近专业的教材,也可供电气工程技术人员参考。

由于编者学识和水平有限,书中难免存在缺点和不足,敬请使用本书的师生和广大读者批评指正。

编 者
2016 年 3 月

目　录

项目一　小车往复运动的继电－接触器控制系统

随着科技的发展,机床电动机的电气控制系统也在不断更新。最初采用手动控制,而后采用继电－接触器控制系统。该系统的优点是结构简单、价格低廉、维护方便、抗干扰能力强,因此在机床控制中得到了广泛、长期的应用。

本项目共包含 4 个子项目,以小车的运动作为分析模型,我们知道运料小车运动的动力来源于电动机,本项目通过对电动机最基本的控制方式的介绍,深入浅出地介绍继电－接触器控制系统的一些基础知识。

■ 子项目一　小车往复运动前进的点动控制

一、项目目标

(1)掌握低压开关、低压继电器、控制按钮、交流接触器等常用低压电器的符号与作用。

(2)绘制点动控制线路的电气原理图和电气安装接线图,正确分析点动控制线路工作原理和电动机的保护设置,能够正确选择低压电器并判断其是否完好。

(3)完成点动控制线路的安装与检修。

二、项目准备

(一)项目分析

点动控制,即按下按钮,电动机转动;松开按钮,电动机停止转动。

点动控制电路常用于短时工作制电气设备或需精确定位场合,如门窗的启闭控制或吊车吊钩移动控制等。

点动控制的基本环节一般是在接触器线圈中串接常开控制按钮,在实际控制线路中有时也用继电器常开触头代替按钮控制。

(二)相关知识

1. 低压刀开关

低压电器指的是交流电压 1 200 V 以下,直流电压 1 500 V 以下,在电路内起到接通、断开、保护、控制、调节作用的电器。

刀开关是低压电器中结构最简单的一种,属于手动电器,主要用作电源隔离开关,也可用来非频繁地接通和分断容量较小的低压配电线路。接线时应将电源线接在上端,负载接在下端,这样拉闸后刀片与电源隔离,可防止意外事故发生。

常用刀开关的结构如图 1-1 所示。

刀开关的图形、文字符号如图 1-2 所示。

1—胶盖;2—刀座;3—刀片;4—瓷座

图 1-1　刀开关的结构

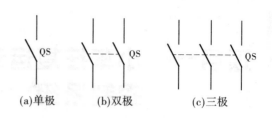

(a)单极　　　(b)双极　　　(c)三极

图 1-2　刀开关的图形、文字符号

刀开关的主要类型有大电流刀开关、负荷开关、熔断器式刀开关。常用的产品有 HD11~HD14 和 HS11~HS13 系列刀开关。

2. 低压断路器

低压断路器也称为自动空气开关,可用来接通和分断负载电路,也可用来控制不频繁启动的电动机。它的功能相当于闸刀开关、过电流继电器、失压继电器、热继电器及漏电保护器等电器部分或全部的功能总和,是低压配电网中一种重要的保护电器。

低压断路器具有多种保护功能(过载保护、短路保护、欠电压保护、漏电保护等)、动作值可调、分断能力高、操作方便、安全等优点,所以目前被广泛应用。

1)结构和工作原理

低压断路器由操作机构、触点、保护装置(各种脱扣器)、灭弧系统等组成。低压断路器工作原理如图 1-3 所示。

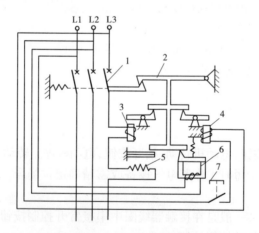

1—主触点;2—自由脱扣机构;3—过电流脱扣器;4—分励脱扣器;
5—热脱扣器;6—欠电压脱扣器;7—停止按钮

图 1-3　低压断路器工作原理

低压断路器的主触点是靠手动操作或电动闭合的。主触点闭合后,自由脱扣机构将主触点锁在合闸位置上。过电流脱扣器的线圈和热脱扣器的热元件与主电路串联,欠电压脱扣器的线圈和电源并联。当电路发生短路或严重过载时,过电流脱扣器的衔铁吸合,使自由脱扣机构动作,主触点断开主电路。当电路过载时,热脱扣器的热元件发热使双金属片向上弯曲,推动自由脱扣机构动作。当电路欠电压时,欠电压脱扣器的衔铁释放,也使自由脱扣机构动作。分励脱扣器则作为远距离控制用,在正常工作时,其线圈是断电的,在需要距离控制时,按下启动按钮,使线圈通电,衔铁带动自由脱扣机构动作,使主触点断开。

2）低压断路器典型产品

低压断路器主要分类方法是以结构形式分类的，分为开启式和装置式两种。开启式又称为框架式或万能式，装置式又称为塑料外壳式。

A. 装置式断路器

装置式断路器有绝缘塑料外壳，内装触点系统、灭弧室及脱扣器等，可手动或电动（对大容量断路器而言）合闸，有较高的分断能力和动稳定性，有较完善的选择性保护功能，广泛用于配电线路。

B. 框架式断路器

框架式断路器一般容量较大，具有较强的短路分断能力和较高的动态稳定性，适用于交流 50 Hz、额定电压 380 V 的配电网络中，作为配电干线的主保护。

C. 智能化断路器

目前国内生产的智能化断路器有框架式和塑料外壳式两种。框架式智能化断路器主要用于智能化自动配电系统中的主断路器；塑料外壳式智能化断路器主要用在配电网络中分配电能和作为线路及电源设备的控制与保护，亦可用作三相笼型异步电动机的控制。

3）低压断路器的图形、文字符号

低压断路器的图形和文字符号如图 1-4 所示。

3. 熔断器

熔断器是一种简单而有效的保护电器，在电路中主要起短路保护作用。熔断器主要由熔体和安装熔体的绝缘管（绝缘座）组成。使用时，熔体串接于被保护的电路中，当电路发生短路故障时，熔体被瞬时熔断而分断电路，起到保护作用。

图 1-4　低压断路器的图形、文字符号

1）常用的熔断器

A. 插入式熔断器

如图 1-5 所示，它常用于 380 V 及以下电压等级的线路末端，作为配电支线或电气设备的短路保护用。

B. 螺旋式熔断器

如图 1-6 所示，熔体上的上端盖有一熔断指示器，一旦熔体熔断，指示器马上弹出，可透过瓷帽上的玻璃孔观察到。它常用于机床电气控制设备中。螺旋式熔断器分断电流较大，可用于电压等级 500 V 及其以下、电流等级 200 A 以下的电路中，作短路保护。

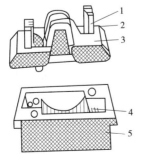

1—动触点；2—熔体；3—瓷插件；4—静触点；5—瓷座

图 1-5　插入式熔断器

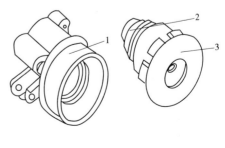

1—底座；2—熔体；3—瓷帽

图 1-6　螺旋式熔断器

C. 封闭式熔断器

封闭式熔断器分有填料熔断器和无填料熔断器两种,分别如图 1-7 和图 1-8 所示。有填料熔断器一般用方形瓷管,内装石英砂及熔体,分断能力强,用于电压等级 500 V 以下、电流等级 1 kA 以下的电路中。无填料封闭式熔断器将熔体装入封闭式圆筒中,分断能力稍小,用于 500 V 以下、600 A 以下的电力网或配电设备中。

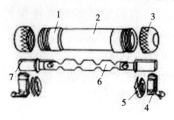

1—铜圈;2—熔断管;3—管帽;4—插座;
5—特殊垫圈;6—熔体;7—熔片

图 1-7　无填料封闭管式熔断器

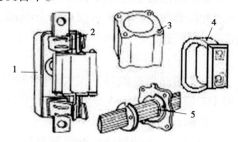

1—瓷底座;2—弹簧片;3—管体;4—绝缘手柄;5—熔体

图 1-8　有填料封闭管式熔断器

D. 快速熔断器

快速熔断器主要用于半导体整流元件或整流装置的短路保护。由于半导体元件的过载能力很低,只能在极短时间内承受较大的过载电流,因此要求短路保护具有快速熔断的能力。快速熔断器的结构和有填料封闭式熔断器基本相同,但熔体材料和形状不同,它是用银片冲制的有 V 形深槽的变截面熔体。

E. 自复熔断器

自复熔断器采用金属钠作熔体,在常温下具有高电导率。当电路发生短路故障时,短路电流产生高温使钠迅速汽化,气态钠呈现高阻态,从而限制了短路电流;当短路电流消失后,温度降低,金属钠恢复原来的良好导电性能。自复熔断器只能限制短路电流,不能真正分断电路。其优点是不必更换熔体,能重复使用。

常用的熔断器有管式熔断器 R1 系列、螺旋式熔断器 RL1 系列、封闭式熔断器 RT0 系列及快速熔断器 RS0、RS3 系列等。

2)符号

熔断器的文字符号为 FU,图形符号如图 1-9 所示。

4. 控制按钮

控制按钮是一种结构简单、使用广泛的手动主令电器,它可以
与接触器或继电器配合,对电动机实现远距离的自动控制,用于实现控制线路的电气联锁。

图 1-9　熔断器
图形和文字符号

如图 1-10 所示,控制按钮由按钮帽、复位弹簧、桥式触点和外壳等组成,通常做成复合式,即具有常闭触点和常开触点。按下按钮时,先断开常闭触点,后接通常开触点;按钮释放后,在复位弹簧的作用下,按钮触点自动复位的先后顺序与上述相反。通常,在无特殊说明的情况下,有触点电器的触点动作顺序均为"先断后合"。

在电气控制线路中,常开按钮常用来启动电动机,也称启动按钮;常闭按钮常用于控制电动机停车,也称停车按钮;复合按钮用于联锁控制电路中。

控制铵钮的种类很多,在结构上有揿钮式、紧急式、钥匙式、旋钮式、带灯式和打碎玻璃按钮。

常用的控制按钮有 LA2、LA18、LA19、LA20、LAY1 和 SFAN－1 型系列按钮。其中,SFAN－1 型为消防打碎玻璃按钮。LA2 系列为仍在使用的老产品,新产品有 LA18、LA19、LA20 等系列。LA18 系列采用积木式结构,触点数目可按需要拼装至六常开六常闭,一般装成二常开二常闭。LA19、LA20 系列有带指示灯和不带指示灯两种,前者按钮帽用透明塑料制成,兼作指示灯罩。

按钮选择的主要依据是使用场所、所需要的触点数量、种类及颜色。按钮开关的图形符号及文字符号见图 1-11。

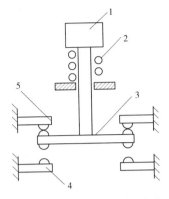

1—按钮帽;2—复位弹簧;3—动触点;
4—常开静触点;5—常闭静触点

图 1-10 控制按钮开关结构示意图

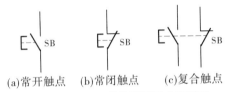

(a)常开触点　(b)常闭触点　(c)复合触点

图 1-11 按钮开关的图形及文字符号

5. 接触器

接触器是一种用来自动接通或断开大电流电路的电器。它可以频繁地接通或分断交直流电路,并可实现远距离控制。其主要控制对象是电动机,也可用于电热设备、电焊机、电容器组等其他负载,具有低电压释放保护功能。接触器具有控制容量大、过载能力强、寿命长、设备简单经济等特点,是电力拖动自动控制线路中使用最广泛的电气元件。

按照所控制电路的种类,接触器可分为交流接触器和直流接触器两大类。

1)交流接触器

A. 交流接触器的结构与工作原理

如图 1-12 所示为交流接触器的外形与结构示意图。交流接触器由以下部分组成:

(1)电磁机构由线圈、动铁芯(衔铁)和静铁芯组成,其作用是将电磁能转换成机械能,产生电磁吸力,带动触点动作。

(2)触点系统包括主触点和辅助触点。主触点用于通断主电路,通常为三对常开触点。辅助触点用于控制电路,起电气联锁作用,故又称联锁触点,一般常开、常闭触点各两对。

(3)灭弧装置容量在 10 A 以上的接触器都有灭弧装置,对于小容量的接触器,常采用双断口触点灭弧、电动力灭弧、相间弧板隔弧及陶土灭弧罩灭弧。对于大容量的接触器,采用纵缝灭弧罩及栅片灭弧。

(4)短路环是嵌装在铁芯某一端的铜环,由于交流电磁铁通入交流电,磁场交变,产生的吸力是脉动的,这会引起衔铁振动。加入短路环后,由于在短路环中产生的感应电流,阻碍了穿过它的磁通变化,使磁极的两部分磁通之间出现相位差,因而两部分磁通所产生的吸力不会同时过零,即一部分磁通产生的瞬时力为零时,另一部分磁通产生的瞬时力不会是

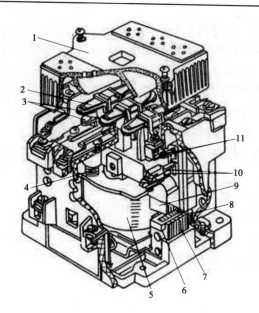

1—灭弧罩;2—触点压力弹簧片;3—主触点;4—反作用弹簧;
5—线圈;6—短路环;7—静铁芯;8—弹簧;9—动铁芯;
10—辅助常开触点;11—辅助常闭触点

图 1-12 CJ10 – 20 型交流接触器

零,其合力始终不会有零值出现。这样就可减少振动及噪声。

(5)其他部件包括反作用弹簧、缓冲弹簧、触点压力弹簧、传动机构及外壳等。

电磁式接触器的工作原理如下:线圈通电后,在铁芯中产生磁通及电磁吸力。此电磁吸力克服弹簧反力使得衔铁吸合,带动触点机构动作,常闭触点打开,常开触点闭合,互锁或接通线路。线圈失电或线圈两端电压显著降低时,电磁吸力小于弹簧反力,使得衔铁释放,触点机构复位,断开线路或解除互锁。

B. 交流接触器的分类

交流接触器的种类很多,其分类方法也不尽相同。按照一般的分类方法,大致有以下几种:

(1)按主触点极数可分为单极、双极、三极、四极和五极接触器。

(2)按灭弧介质可分为空气式接触器、真空式接触器等。

(3)按有无触点可分为有触点接触器和无触点接触器。

2)直流接触器

直流接触器的结构和工作原理基本上与交流接触器相同。在结构上也是由电磁机构、触点系统和灭弧装置等部分组成的。由于直流电弧比交流电弧难以熄灭,直流接触器常采用磁吹式灭弧装置灭弧。

3)接触器的主要技术参数

(1)额定电压。接触器铭牌上的额定电压是指主触点上的额定电压。通常用的电压等级为:直流接触器有220 V、440 V 和660 V;交流接触器有220 V、380 V 和500 V。

(2)额定电流。接触器铭牌上的额定电流是指主触点上的额定电流。常用的电流等级为:直流接触器有25 A、40 A、60 A、100 A、150 A、250 A、400 A 和600 A;交流接触器有5 A、

10 A、20 A、40 A、60 A、100 A、150 A、250 A、400 A 和 600 A。

（3）线圈的额定电压。指接触器线圈正常工作的电压。常用的等级为：直流线圈有 24 V、48 V、220 V 和 440 V；交流线圈有 36 V、127 V、220 V 和 380 V。一般情况下，交流负载选用交流接触器，直流负载选用直流接触器，但交流负载频繁动作时可采用直流吸引线圈的接触器。常用的额定电压是直流 110 V、220 V，交流 220 V、380 V。

（4）额定操作频率。额定操作频率是指每小时接通次数。交流接触器最高为 600 次/h；直流接触器可高达 1 200 次/h。

4）接触器的符号与型号说明

A. 接触器的符号

接触器的图形符号如图 1-13 所示，文字符号为 KM。

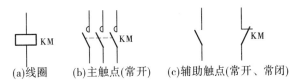

(a)线圈　　(b)主触点(常开)　　(c)辅助触点(常开、常闭)

图 1-13　接触器的图形符号

B. 接触器的型号说明

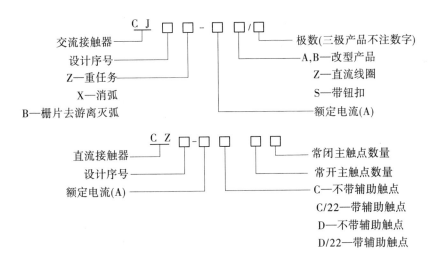

接触器的型号说明如下：

例如，CJ10Z－40/3 为交流接触器，设计序号 10，重任务型，额定电流 40 A 主触点为 3 极。CJ12T－250/3 为改型后的交流接触器，设计序号 12，额定电流 250 A，3 个主触点。

我国生产的交流接触器常用的有 CJ10、CJ12、CJX1、CJ20 等系列及其派生系列产品，CJ0 系列及其改型产品已逐步被 CJ20、CJX 系列产品取代。上述系列产品一般具有三对常开主触点，常开、常闭辅助触点各两对。直流接触器常用的有 CZ0 系列，分单极和双极两大类，常开、常闭辅助触点各不超过两对。

5）低压控制电器常用的具体灭弧方法

（1）机械灭弧法。通过极限装置将电弧迅速拉长。这种方法多用于开关电器中。

（2）磁吹灭弧法。在一个与触点串联的磁吹线圈产生的磁场作用下，电弧受电磁力的作用而拉长，被吹入有固体介质构成的灭弧罩内，与固体介质相接触，电弧被冷却而熄灭。

（3）窄缝（纵缝）灭弧法。在电弧所形成的电磁力的作用下，可使电弧拉长并进入灭弧罩的窄（纵）缝中，几条纵缝可将电弧分割成数段并且与固体介质相接触，电弧被迅速熄灭。这种结构多用于交流接触器。

（4）栅片灭弧法。当触头分开时，产生的电弧在电磁力的作用下被推入一组金属栅片中而被分割成数段，彼此绝缘的金属栅片的每一片都相当于一个电极，因此就有许多个阴阳极压降。对交流电弧来说，近阴极处，在电弧过零时就会出现一个 150 ~ 250 V 的介质强度，使电弧无法继续维持而熄灭。由于栅片灭弧效应要比直流时强得多，所以交流电器常常采用栅片灭弧。

三、项目实施

小车往复运动前进的点动控制主电路由电源开关、熔断器和接触器主触点组成，控制电路由熔断器、按钮和接触器线圈组成。

（一）电路分析

如图 1-14 所示，合上电源开关 QS，按下按钮 SB，按钮动合触点闭合，接触器 KM 线圈得电，铁芯中产生磁通，接触器 KM 的衔铁在电磁吸力的作用下迅速带动常开触头闭合，三相电源接通，电动机启动。当按钮 SB 松开时，按钮动合触点断开，接触器 KM 线圈失电，在复位弹簧的作用下触点断开，电动机停止转动。因为在按钮按下时电动机才转动，按钮松开时电动机停止，因此就能实现点动控制，满足任务要求。

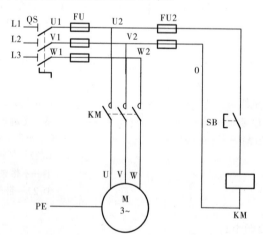

图 1-14　电动机的点动控制电路

（二）具体实施

1. 根据电气原理图画出电气接线图

主电路：由开关、熔断器、接触器的主触点、热继电器的热元件组成。主电路中的各部分与被控制电动机串联。由于主电路几乎是固定不变的，我们只画出控制电路的接线图，首先在原理图上标出各个节点，注意不要少标，也不要多标。具体如图 1-15 所示。

2.拆分电路

根据自己所标注的号码,把电路图拆分,同类的器件放在一起,以便于接线。拆分的结果如图 1-16 所示。

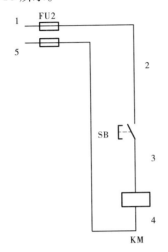

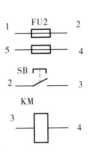

图 1-15　点动控制电路标号图　　　　　　图 1-16　点动控制电路拆分图

3.接线

在接线板上摆好所需要的器件,按图 1-15 所示把相同的数字连接在一起完成接线。

4.调试

按照实验室操作规程和实验要求验证调试直至正常运行,并记录实验过程中出现的故障及解决故障的方法。

四、知识拓展:低压电器的使用及选择

(一)刀开关的选择

刀开关选择时应考虑以下两个方面。

1.刀开关结构形式的选择

刀开关结构形式的选择应根据刀开关的作用和装置的安装形式来选择,如是否带灭弧装置,若分断负载电流,应选择带灭弧装置的刀开关。根据装置的安装形式来选择,是否是正面、背面或侧面操作形式,是直接操作还是杠杆传动,是板前接线还是板后接线的结构形式。

2.刀开关的额定电流的选择

刀开关的额定电流一般应大于或等于所分断电路中各个负载额定电流的总和。对于电动机负载,考虑其启动电流,所以应选用额定电流大一级的刀开关。若再考虑电路出现的短路电流,还应选用额定电流更大一级的刀开关。

(二)低压断路器的选择

低压断路器的选用原则如下:

(1)根据线路对保护的要求确定断路器的类型和保护形式(框架式、装置式或限流式等)。

（2）断路器的额定电压 U_N 应大于或等于被保护线路的额定电压。

（3）断路器欠压脱扣器额定电压应等于被保护线路的额定电压。

（4）断路器的额定电流及过流脱扣器的额定电流应大于或等于被保护线路的计算电流。

（5）断路器的极限分断能力应大于线路的最大短路电流的有效值。

（6）配电线路中的上、下级断路器的保护特性应协调配合，下级的保护特性应位于上级保护特性的下方且不相交。

（7）断路器的长延时脱扣电流应小于导线允许的持续电流。

（三）熔断器的选择

1. 熔断器的选择原则

熔断器的选择主要依据负载的保护特性和短路电流的大小。对于容量小的电动机和照明支线，常采用熔断器作为过载及短路保护，因而希望熔体的熔化系数适当小些。通常选用铅锡合金熔体的 RQA 系列熔断器。对于较大容量的电动机和照明干线，则应着重考虑短路保护和分断能力。通常选用具有较高分断能力的 RM10 和 RL1 系列的熔断器。当短路电流很大时，宜采用具有限流作用的 RT0 和 RT12 系列的熔断器。

熔体的额定电流可按以下方法选择：

（1）保护无启动过程的平稳负载如照明线路、电阻、电炉等时，熔体额定电流略大于或等于负荷电路中的额定电流。

（2）保护单台长期工作的电机时熔体电流可按最大启动电流选取，可按下式选取：

$$I_{Rn} \geq (1.5 \sim 2.5)I_n$$

式中　　I_{Rn}——熔体额定电流；

　　　　I_n——电动机额定电流。

如果电动机频繁启动，式中系数可适当加大至 3~3.5，具体应根据实际情况而定。

（3）保护多台长期工作的电机（供电干线）时可按下式选取：

$$I_{Rn} \geq (1.5 \sim 2.5)I_{nmax} + \sum I_n$$

式中　　I_{nmax}——容量最大单台电机的额定电流；

　　　　$\sum I_n$——其余电动机额定电流之和。

2. 熔断器的级间配合

为防止发生越级熔断、扩大事故范围，上、下级（供电干、支线）线路的熔断器间应有良好配合。选用时，应使上级（供电干线）熔断器的熔体额定电流比下级（供电支线）的大 1~2 个级差。

（四）接触器的选择

（1）接触器的类型要符合要求，控制交流负载应选用交流接触器，控制直流负载则选用直流接触器。

（2）接触器吸引线圈的额定电压应与控制回路电压相一致。

（3）接触器的使用类别应与负载性质相一致。

（4）接触器主触点的额定工作电流应大于或等于负载电路的电流。应注意，当所选择的接触器的使用类别与负载性质不一致时，若接触器的类别比负载的类别低，接触器应降低一级容量使用。

（5）接触器主触点的额定工作电压应大于或等于负载电路的电压。

（6）还应考虑接触器的主触点、辅助触点的数量必须满足控制要求。交流接触器应根据负荷的类型和工作参数合理选用。

五、电气控制系统图阅读方法

电气控制系统图是电气线路安装、调试、使用与维护的理论依据，主要包括电气原理图、电气安装接线图、电气元件布置图。系统中所用电气设备的电气控制原理，用以指导电气设备的安装和控制系统的调试运行工作。

（一）先读机，后读电

先读机，就是应该先了解生产机械的基本结构、运行情况、工艺要求和操作方法，以便对生产机械的结构及其运行情况有总体了解。后读电，就是在了解机械的基础上进而明确对电力拖动的控制要求，为分析电路做好前期准备。

（二）先读主，后读辅

先读主，就是先从主回路开始读图。首先，要看清楚机床设备由几台电动机拖动，各台电动机的作用。结合加工工艺与主电路，分析电动机是否有降压启动，有无正反转控制，采用何种制动方式。其次，要弄清楚用电设备是由什么电气元件控制的，如有的用刀开关或组合开关手动控制，有的用按钮加接触器或继电器自动控制。

（三）化整为零、集零为整

进行总体检查时，先经过"化整为零"，逐步分析每一局部电路的工作原理以及各部分之间的控制关系后，再用"集零为整"的方法检查整个控制线路，以免遗漏。特别要从整体角度进一步检查和理解各控制环节之间的联系。

六、项目评价

1. 学生讨论

2. 总结

在了解各种低压开关、熔断器、控制按钮、接触器结构的基础上学习其作用以及如何进行正确选型。在断路器和电动机之间连接电磁接触器，构成间接手动操作控制电路。

本子项目的重点是常用低压电器的认识，能够熟悉低压开关、按钮、交流接触器等常用低压电器的符号与作用，能够绘制出点动控制线路的电气原理图和电气安装接线图，能够正确分析其控制线路工作原理和电动机的保护设置，并能够正确选择低压电器并判断其是否完好，完成控制线路的安装与检修。

3. 思考与练习

（1）一台交流接触器，通电后没有反应，不能动作，试分析可能出现什么问题？如果通电后，噪声很大，再分析是什么原因。

（2）只用电源开关手动控制小车的前进和后退是否安全、方便？为什么？

（3）简述交流接触器在电路中的作用、结构和工作原理。

（4）自动空气开关有哪些脱扣装置？各起什么作用？

（5）从接触器的结构上，如何区分是交流接触器还是直流接触器？

（6）线圈电压为 220 V 的交流接触器，误接入 220 V 直流电源上；或线圈电压为 220 V

的直流接触器,误接入 220 V 交流电源上,会产生什么后果? 为什么?

(7)交流接触器铁芯上的短路环起什么作用? 若此短路环断裂或脱落后,在工作中会出现什么现象? 为什么?

(8)低压开关、熔断器的作用是什么? 如何正确选择、使用低压开关、熔断器?

(9)按钮开关、接触器的作用是什么? 如何正确选择、使用按钮开关、接触器?

■ 子项目二　小车往复运动前进的连续运行控制

一、项目目标

(1)掌握热继电器等常用低压电器的符号与作用。

(2)能够绘制出连续正转控制线路的电气原理图和电气安装接线图,能够正确分析连续正转控制线路工作原理和电动机的保护设置。

(3)理解自锁的作用,并能灵活运用。

(4)能够正确选择低压电器并判断其是否完好,完成长动控制线路的安装与检修。

二、项目准备

(一)项目分析

长动控制又称为连续运行控制,它是指电动机的连续运转。

对子项目一中已经安装好的小车往复运动前进的点动控制线路通电运行,并分析其特点。在此基础上如果要实现小车往复运动前进的连续运行控制,应对点动控制线路进行改进。

如果电动机发生过载,还要增加过载保护。

自锁控制常被使用在三相笼型异步电动机直接启动、自由停车的电气控制上。

(二)相关知识

热继电器(FR)主要用于电力拖动系统中电动机负载的过载保护。电动机在实际运行中,常会遇到过载情况,但只要过载不严重、时间短,绕组不超过允许的温升,这种过载是允许的。但如果过载情况严重、时间长,则会加速电动机绝缘的老化,缩短电动机的使用年限,甚至烧毁电动机,因此必须对电动机进行过载保护。

1. 热继电器的结构与工作原理

热继电器主要由热元件、双金属片和触点组成,如图 1-17 所示。热元件由发热电阻丝做成。双金属片由两种热膨胀系数不同的金属辗压而成,当双金属片受热时,会出现弯曲变形。使用时,把热元件串接于电动机的主电路中,而常闭触点串接于电动机的控制电路中。

当电动机正常运行时,热元件产生的热量虽能使双金属片弯曲,但还不足以使热继电器的触点动作。当电动机过载时,双金属片弯曲位移增

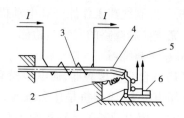

1—导板;2—弹簧;3—热元件;
4—双金属片;5—常闭触点;6—复位按钮

图 1-17　热继电器原理示意图

大,推动导板使常闭触点断开,从而切断电动机控制电路以起保护作用。热继电器动作后一般不能自动复位,要等双金属片冷却后按下复位按钮复位。热继电器动作电流的调节可以借助旋转凸轮至不同位置来实现。

2. 热继电器的型号及选用

我国目前生产的热继电器主要有 JR0、JR1、JR2、JR9、JR10、JR15、JR16 等系列,JR1、JR2 系列热继电器采用间接受热方式,其主要缺点是双金属片靠发热元件间接加热,热耦合较差;双金属片的弯曲程度受环境温度影响较大,不能正确反映负载的过流情况。

JR15、JR16 等系列热继电器采用复合加热方式并采用了温度补偿元件,因此较能正确反映负载的工作情况。

JR1、JR2、JR0 和 JR15 系列的热继电器均为两相结构,是双热元件的热继电器,可以用作三相异步电动机的均衡过载保护和定子绕组为 Y 联结的三相异步电动机的断相保护,但不能用作定子绕组为△联结的三相异步电动机的断相保护。

JR16 和 JR20 系列热继电器均带有断相保护的热继电器,具有差动式断相保护机构。

热继电器的选择主要根据电动机定子绕组的联结方式来确定热继电器的型号,在三相异步电动机电路中,对 Y 联结的电动机可选两相或三相结构的热继电器,一般采用两相结构的热继电器,即在两相主电路中串接热元件。对于三相感应电动机,定子绕组为△联结的必须采用带断相保护的热继电器。

热继电器的图形及文字符号如图 1-18 所示。

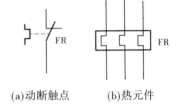

(a)动断触点　　(b)热元件

图 1-18　热继电器的图形及文字符号

三、项目实施

主电路由电源开关、熔断器、接触器主触点和热继电器组成,控制电路由熔断器、热继电器常闭触点、按钮以及接触器线圈和辅助常开触点组成。

(一)电路分析

图 1-19 所示为长动控制线路。它的工作原理如下:接通电源开关 QS,按下启动按钮 SB2 时,接触器 KM 吸合,主电路接通,电动机 M 启动运行。同时并联在启动按钮 SB2 两端的接触器辅助常开触点也闭合,故即使松开按钮 SB2,控制电路也不会断电,电动机仍能继续运行。按下停止按钮 SB1 时,KM 线圈断电,接触器 KM 所有触点断开,切断主电路,电动机停转。这种依靠接触器自身的辅助触点使其线圈保持通电的现象称为自锁或自保持。

(二)具体实施

1. 根据电气原理图画出电气接线图

由于主电路几乎都是固定不变的,我们只画出控制电路的接线图,首先在原理图上标出各个节点,注意不要少标,也不要多标。具体如图 1-20 所示。

2. 拆分电路

根据自己所标注的号码,把电路图拆分,同类的器件放在一起,以便于接线。拆分的结果如图 1-21 所示。

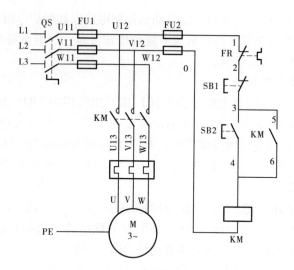

图 1-19　长动控制线路

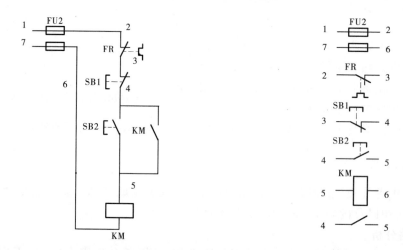

图 1-20　连续运行控制电路标号图　　　图 1-21　连续运行控制电路拆分图

3.接线

在接线板上摆好所需要的器件,如图 1-21 所示,把相同的数字连接在一起完成接线。

4.调试

按照实验室操作规程和实验要求验证调试直至正常运行,并记录实验过程中出现的故障及解决故障的方法。

四、知识拓展:常用基本控制电路

(一)点动和长动控制线路

在实际生产中,往往需要既可以点动又可以长动的控制线路。其主电路相同,但控制电路有多种,如图 1-22 所示。

比较图 1-22 所示的三种控制线路,图 1-22(a)比较简单,它是以开关 SA 的打开与闭合来区别点动与长动的。由于启动均用同一按钮 SB2 控制,若疏忽了开关的动作,就会混淆长动与点动的作用。

图1-22(b)虽然将点动按钮SB3与长动按钮SB2分开了,但当接触器铁芯因油腻或剩磁而发生缓慢释放时,点动可能变成长动,故虽简单但并不可靠。

图1-22(c)采用中间继电器实现点动控制,可靠性大大提高。点动时按SB3,中间继电器KA的常闭触点断开接触器KM的自锁触点,KA的常开触点使KM通电,电动机点动。连续控制时,按SB2即可。

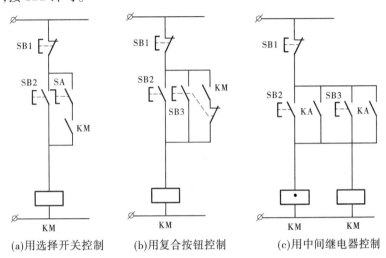

图1-22　点动和长动控制线路

(二)两地控制线路

在实际控制中,往往要求对一台电动机能实现两地控制,即在甲、乙两个地方都能对电动机实现启动与停止的控制,或在一地启动另一地停止。

实现两地控制的基本原则为在控制线路中将两个启动按钮的常开触点并联连接,将两个停止按钮的常闭触点串联连接。

图1-23所示为对一台电动机实现两地控制的控制线路,其中按钮SB1、SB3位于甲地,按钮SB2、SB4位于乙地。图中两个启动按钮是并联的,当按下任一处启动按钮后,接触器线圈都能通电并自锁;各停止按钮是串联的,当按下任一处停止按钮后,都能使接触器线圈断电,电动机停转。

由此可以得出普遍结论:欲使几个电器都能控制接触器通电,则这几个电器的动合触点应并联到该接触器的启动按钮;欲使几个电器都能控制某个接触器断电,则这几个电器的动断触点应串联接到该接触器的线圈电路中。

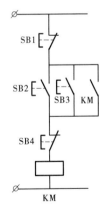

图1-23　两地控制线路

五、项目评价

1.学生讨论

2.总结

本子项目的重点是简单电路的分析,掌握热继电器等常用低压电器的符号与作用,能够绘制出连续正转控制线路的电气原理图和电气安装接线图,能够正确分析其控制线路工作原理和电动机的保护设置,理解自锁的作用,并能够正确选择低压电器并判断其是否完好,完成控制线路的安装与检修。

3. 思考与练习

(1)电动机的启动电流很大,启动时热继电器应不应该动作? 为什么?

(2)某机床的电动机为 J02 – 42 – 4 型,额定功率为 5.5 kW,额定电压为 380 V,额定电流为 12.5 A,启动电流为额定电流的 7 倍,现用按钮进行启停控制,需有短路保护和过载保护,试选用接触器、按钮、熔断器、热继电器和电源开关的型号。

(3)电动机点动控制与连续控制的关键控制环节是什么? 其主电路又有何区别?

(4)如果要实现小车前进的连续运行控制,应如何对点动控制线路进行改进? 如果电动机发生过载,熔断器能否作为过载保护? 为什么?

子项目三　小车往复运动前进、后退的手动控制

一、项目目标

(1)能够按照国家标准绘制出其正反转控制线路的电气原理图和电气安装接线图,能够正确分析其控制线路工作原理。

(2)理解联锁的概念。

(3)能够正确选择低压电器并判断其是否完好,完成正反转控制线路的安装与检修。

二、项目准备

(一)项目分析

各种生产机械常常要求具有上下、左右、前后等相反方向的运动,这就要求电动机能够正、反向运转。

在子项目二已安装好的小车往复运动前进连续运行的控制线路基础上,分析电动机正、反转控制线路的工作原理,实现小车往复运动前进和后退的手动控制,对线路进行改装。

如何实现电动机的反转? 对于三相交流电动机,将三相交流电的任意两相对换即可改变定子绕组相序,实现电动机反转。

(二)相关知识

许多生产机械需要正、反两个方向的运动,例如机床工作台的前进与后退、主轴的正转与反转、起重机吊钩的前进与后退等,要求电动机可以正、反转。

只需将接至交流电动机的三相电源接进线中任意两相对调,即可实现反转。

图 1-24 是三相笼型异步电动机正、反转控制线路,图中 KM1、KM2 分别为正、反转接触器,其主触点接线的相序不同,KM1 按 U—V—W 相序接线,KM2 按 W—V—U 相序接线,即将 U、W 两相对调,所以两个接触器分别工作时,电动机的旋转方向不一样,实现电动机的可逆运转。

1. 接触器互锁的正、反转控制

图 1-25 所示控制线路虽然可以完成正、反转的控制任务,但这个线路有重大缺陷,按下正

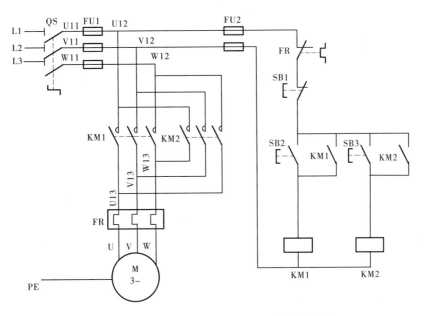

图 1-24 三相笼型异步电动机的正、反转控制线路

转按钮 SB2 后,KM1 通电并且自锁,接通正序电源,电动机正转。若发生错误操作,在电动机正转时按下反转按钮 SB3,KM2 通电并自锁,此时在主电路中将发生 U、W 两相电源短路事故。

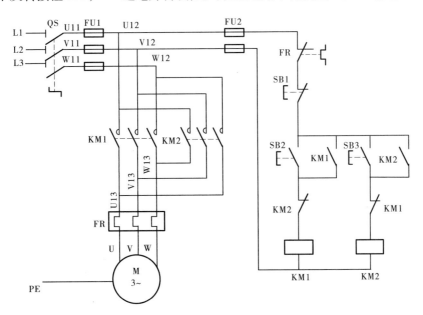

图 1-25 带电气互锁保护的正、反转控制线路

为了避免上述事故的发生,就要求保证两个接触器不能同时工作,必须相互制约,这种在同一时间里两个接触器只允许一个工作的制约控制作用称为互锁或联锁。图 1-25 为带互锁保护的正、反转控制线路,两个接触器的动断辅助触点串入对方线圈,这样当按下正转启动按钮 SB2 时,正转接触器 KM1 线圈通电,主触点闭合,电动机正转。与此同时,由于 KM1 的动断辅助触点断开而切断了反转接触器 KM2 的线圈电路,此时再按反转启动按钮

SB3,也不会使反转接触器的线圈通电工作。同理,在反转接触器 KM2 动作后,也保证了正转接触器 KM1 的线圈电路不能再工作。

这种由接触器常闭(动断)辅助触点构成的互锁线路称为电气互锁,也称为电气自锁。

2. 双重互锁的正、反转控制

图 1-25 所示的接触器联锁正、反转控制线路也有个缺点,即在正转过程中要求反转时必须先按下停止按钮 SB1,让 KM1 线圈断电,联锁触点 KM1 闭合,这样才能按反转按钮使电动机反转,这给操作带来了不方便。为了解决这个问题,在生产上常采用复式按钮触点构成的机械互锁线路,如图 1-26 所示。

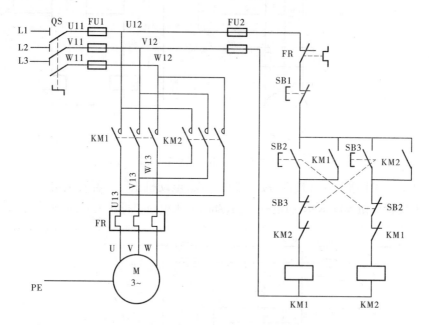

图 1-26　双重互锁保护的电动机正、反转控制电路

图 1-26 中,保留了由接触器动断触点组成的电气互锁,并添加了由按钮 SB2 和 SB3 的动断触点组成的机械联锁。这样,当电动机由正转变为反转时,只需按下反转按钮 SB3,便会通过 SB3 的动断触点先断开 KM1 电路,KM1 失电,互锁触点复位闭合,继续下按 SB3,KM2 线圈接通控制,实现了电动机反转;当电动机由反转变为正转时,按下 SB2,原理与前面一样。

注意:机械互锁与电气互锁不能互相代替。当主电路中正转接触器的触点发生熔焊(静触点和动触点烧蚀在一起)现象时,即使接触器线圈断电,触点也不能复位,机械互锁不能动作,此时只能靠电气互锁才能避免反转接触器通电使主触点闭合而造成电源短路。

这种线路既能实现电动机直接正、反转的要求,又保证了电路可靠地工作,所以这种电路被广泛应用在电力拖动控制系统中。

三、项目实施

(一)根据电气原理图画出电气接线图

由于主电路几乎都是固定不变的,我们只画出控制电路的接线图,首先在原理图上标出各个节点,注意不要少标,也不要多标,具体如图1-27所示。

(二)拆分电路

根据自己所标注的号码,把电路图拆分,同类的器件放在一起,以便于接线。拆分的结果如图1-28所示。

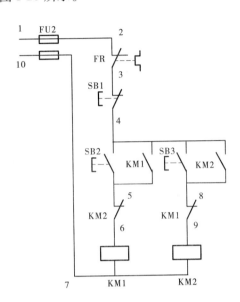

图1-27　正、反转手动控制电路标号图　　图1-28　正、反转手动控制电路拆分图

(三)接线

在接线板上摆好所需要的器件,如图1-28所示,把相同的数字连接在一起,电路接线也就完成了。

(四)调试

按照实验室操作规程和实验要求验证调试直至正常运行,并记录实验过程中出现的故障及解决故障的方法。

四、知识拓展:低压电器的安装

(一)低压断路器的安装

低压断路器安装前的检查,应符合下列要求,以保证一次试运行成功。

(1)衔铁工作面上的油污应擦净。

(2)触点闭合、断开过程中,可动部分与灭弧室的零件不应有卡阻现象。

(3)各触点的接触平面平整;开合顺序、动静触点分闸距离等应符合设计要求或产品技术文件的规定。

(4)受潮的灭弧室,安装前应烘干,烘干时应监测温度,以将灭弧室的温度控制在不使灭弧室变形为原则。

低压断路器的安装,应符合下列基本要求:

(1)低压断路器的安装,应符合产品技术文件的规定。

(2)低压断路器与熔断器配合使用时,熔断器应安装在电源侧。

(3)低压断路器操作机构的安装,应符合下列基本要求:

①操作手柄或传动杠杆的开、合位置应正确,操作力不应大于产品的规定值。

②电动操作机构接线应正确。

③开关辅助触点动作应正确可靠,接触应良好。

④抽屉式断路器的工作、实验、隔离三个位置的定位应明显,并应符合产品技术文件的规定。

⑤抽屉式断路器空载时进行抽、拉数次应无卡阻,机械联锁应可靠。

低压断路器的接线,应符合下列要求:

(1)裸露在箱体外部且易触及的导线端子,应加绝缘保护。

(2)有半导体脱扣装置的低压断路器,其接线应符合相序要求,脱扣装置的动作应可靠。

(二)低压接触器的安装

低压接触器安装前的检查,应符合下列要求:

(1)制造厂为了防止铁芯生锈,出厂时在接触器或启动器等的电磁铁的铁芯面上涂以较稠的防锈油脂,安装前应做到衔铁表面无锈斑、油垢;接触面应平整、清洁,以免油垢粘住而造成接触器在断电后仍不返回。同时,可动部分应灵活无卡阻;灭弧罩之间应有间隙;灭弧线圈绕向应正确。

(2)触点的接触应紧密,固定主触点的触点杆应固定可靠。

(3)当带有常闭触点的接触器与磁力启动器闭合时,应先断开常闭触点,后接通主触点;断开时应先断开主触点,后接通常闭触点,且三相主触点的动作应一致,其误差应符合产品技术文件的要求。

(4)电磁启动器热元件的规格应与电动机的保护特性(反时限允许过载特性)相匹配;热继电器的电流调节指示位置应调整在电动机的额定电流值上,并应按设计要求进行定值校验。

(5)低压接触器安装完毕后,应进行下列检查:

①接线应正确。

②在主触点不带电的情况下,主触点动作正常,衔铁吸合后应无异常响声。

(三)继电器的安装

继电器安装前的检查,应符合下列要求:

(1)可动部分动作应灵活、可靠。

(2)表面污垢和铁芯表面防腐剂应清除干净。

(四)熔断器的安装

熔断器种类繁多,安装方式也各异,一般原则要求是:

(1)熔断器及熔体的容量,应符合设计要求。

(2)熔断器安装位置及相互间的距离,应便于更换熔体。

(3)有熔断指示器的熔断器,其指示器应装在便于观察的一侧。

(4)瓷质熔断器在金属底板上安装时,其底座应垫软绝缘衬垫。

(5)安装具有几种熔体规格的熔断器,为避免配装熔体时出现差错,应在底座旁标明规格。

(6)有触及带电部分的危险熔断器,应配齐绝缘抓手。

（7）带有接线标志的熔断器,电源线应按标志进行接线。

（8）螺旋式熔断器的安装,其底座严禁松动,电源线应接在熔芯引出的端子上。

五、项目评价

1．学生讨论

2．总结

本子项目的重点是能够分析电动机正、反转控制线路的工作原理,能够正确选择低压电器并判断其是否完好,能够绘制出三相电机正、反转控制线路的电气原理图和电气安装接线图,理解互锁的概念,完成控制线路的安装与检修。

3．思考与练习

（1）试述"自锁""互锁"的含义,并举例说明各自的作用。

（2）三相异步电动机接触器联锁的正、反转控制的优缺点是什么?　应如何进行改进?

（3）三相异步电动机按钮联锁的正、反转控制的优缺点是什么?　应如何进行改进?

（4）如果要实现小车后退的手动控制,应采取什么办法?　应如何对控制线路进行改装?

子项目四　小车往复运动前进、后退的自动控制

一、项目目标

（1）熟悉位置开关等常用低压电器的符号与作用。

（2）能够按照国家标准绘制出自动往返控制线路的电气原理图和电气安装接线图,能够正确分析自动往返控制线路工作原理。

（3）能够正确选择低压电器并判断其是否完好,完成位置控制和自动往返控制线路的安装与检修。

二、项目准备

（一）项目分析

在生产过程中,常需要控制生产机械运动部件的行程。

例如,龙门刨床的工作台、组合机床的滑台,需要在一定的行程范围内自动地往复循环。在上一子项目已安装好的小车往复运动前进、后退的手动控制线路基础上,要实现小车往复运动的自动停止控制,对控制线路进行改装。

实现行程控制所使用的主要电器是位置开关。首先要掌握位置开关的种类,掌握位置开关的结构原理,以及位置开关在线路中的作用,掌握控制线路的原理分析。

（二）相关知识

1．行程开关

行程开关又称限位开关,用于控制机械设备的行程及限位保护。

在实际生产中,将行程开关安装在预先安排的位置,当装于生产机械运动部件上的模块撞击行程开关时,行程开关的触点动作,实现电路的切换。因此,行程开关是一种根据运动部件的行程位置而切换电路的电器,它的作用原理与按钮类似。

行程开关广泛用于各类机床和起重机械,用以控制其行程,进行终端限位保护。在电梯的控制电路中,还利用行程开关来控制开关轿门的速度、自动开关门的限位,轿厢的上下限位保护。

行程开关的文字符号为"SQ",图形符号如图 1-29 所示。

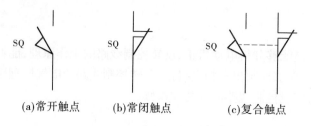

(a)常开触点   (b)常闭触点   (c)复合触点

图 1-29   行程开关的图形符号

行程开关按其结构可分为直动式、滚轮式、微动式和组合式。

1)直动式行程开关

直动式行程开关的结构原理如图 1-30 所示,其动作原理与按钮开关相同,但其触点的分合速度取决于生产机械的运行速度,不宜用于速度低于 0.4 m/min 的场所。

2)滚轮式行程开关

滚轮式行程开关的结构原理如图 1-31 所示,当被控机械上的撞块撞击带有滚轮的撞杆时,撞杆转向右边,带动凸轮转动,顶下推杆,使微动开关中的触点迅速动作。当运动机械返回时,在复位弹簧的作用下,各部分动作部件复位。

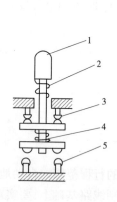

1—推杆;2—弹簧;3—动断触点;
4—弹簧;5—动合触点

图 1-30   直动式行程开关

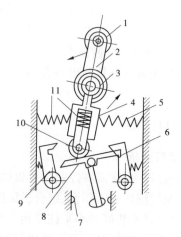

1—滚轮;2—上转臂;3、5、11—弹簧;4—套架;
6—滑轮;7—压板;8、9—触点;10—横板

图 1-31   滚轮式行程开关

滚轮式行程开关又分为单滚轮自动复位式和双滚轮(羊角式)非自动复位式,双滚轮行移开关具有两个稳态位置,有"记忆"作用,在某些情况下可以简化线路。

3)微动式行程开关

微动式行程开关的结构如图 1-32 所示。常用的有 LXW - 11 系列产品。

2. 接近开关

接近式位置开关是一种非接触式的位置开关,简称接近开关。它由感应头、高频振荡器、放大器和外壳组成。当运动部件与接近开关的感应头接近时,就使其输出一个电信号。接近开关的电气符号如图1-33所示。

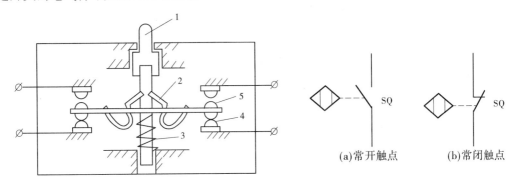

1—推杆;2—弹簧;3—压缩弹簧;4—动断触点;5—动合触点

图 1-32　微动式行程开关　　　　　**图 1-33　接近开关的电气符号**

接近开关分为电感式和电容式两种。

电感式接近开关的感应头是一个具有铁氧体磁芯的电感线圈,只能用于检测金属体。振荡器在感应头表面产生一个交变磁场,当金属块接近感应头时,金属中产生的涡流吸收了振荡的能量,使振荡减弱以致停振,因而产生振荡和停振两种信号,经整形放大器转换成二进制的开关信号,从而起到"开""关"的控制作用。

电容式接近开关的感应头是一个圆形平板电极,与振荡电路的地线形成一个分布电容,当有导体或其他介质接近感应头时,电容量增大而使振荡器停振,经整形放大器输出电信号。电容式接近开关既能检测金属,又能检测非金属及液体。

常用的电感式接近开关型号有 LJ1、LJ2 等系列,电容式接近开关型号有 LXJ15、TC 等系列。

三、项目实施

(一)电路分析

图1-34所示为机床工作台往复运动示意图,利用限位开关实现电动机正、反转的自动循环控制线路,机床工作台的往返循环由电动机驱动,当运动到达一定的行程位置时,利用挡铁压下限位开关来实现电动机正、反转。图中 SQ1 与 SQ2 分别为工作台左行与左行限位开关,SB2 与 SB3 分别为电动机正转与反转启动按钮。

图1-35所示为自动往复循环控制线路,按正转启动按钮 SB2,接触器 KM1 通电吸合并自锁,电动机正转使工作台左移。当运动到左端时,挡铁压下左行限位开关 SQ1,其常闭触点 KM1 断电释放,同时其常开触点 KM2 通电吸合并自锁,电动机反转使工作台右移。当运动到挡铁压下右行限位开关 SQ2 时,使 KM2 断电释放,KM1 又通电吸合,电动机又正转使工作台左移,这样一直循环下去,SB1 为自动循环总停止按钮。

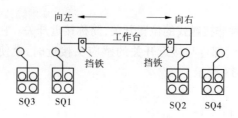

图 1-34　机床工作台往复运动示意图

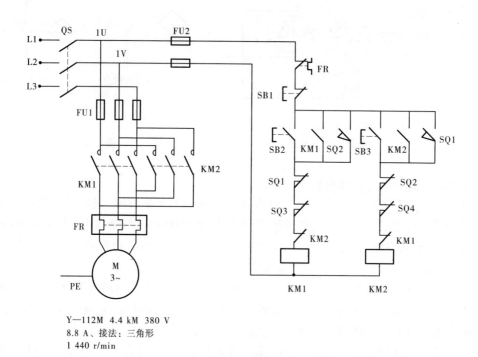

Y—112M　4.4 kM　380 V
8.8 A、接法：三角形
1 440 r/min

图 1-35　自动往复循环控制线路

（二）具体实施

1. 根据电气原理图画出电气接线图

在电气原理图上标出各个节点，注意不要少标，也不要多标，具体如图 1-36 所示。

2. 拆分电路

根据自己所标注的号码，把电路图拆分，同类的器件放在一起，以便于接线。拆分的结果如图 1-37 示。

3. 接线

在接线板上摆好所需要的器件，如图 1-37 所示，相同的数字连接在一起，电路接线也就完成了。

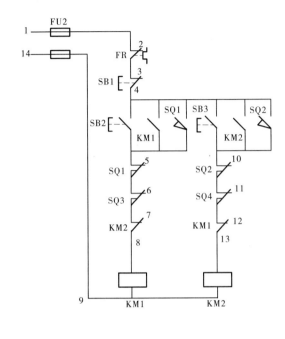

图 1-36　自动往复循环控制电路标号图

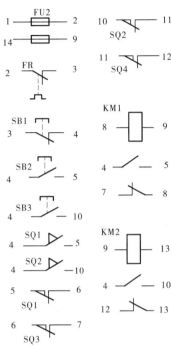

图 1-37　自动往复循环控制电路拆分图

4.调试

按照实验室操作规程和实验要求验证调试直至正常运行,并记录实验过程中出现的故障及解决故障的方法。

从以上分析来看,工作台每经过一个往复循环,电动机要进行两次转向改变,因而电动机的轴将受到很大的冲击力,容易扭坏。此外,当循环周期很短时,电动机频繁地转向和启动,会因过热而损坏。因此,上述线路只需要适用于循环周期长且电动机的轴有足够强度的传动系统中。

四、知识拓展:常见低压电器的故障及检修方法

(一)接触器(电磁式继电器)常见故障及检修方法

故障现象一:按下启动按钮,接触器不动作,或在正常工作情况下自行突然分开。

产生原因:①供电线路断电;②按钮的触点失效;③线圈断路。

检修方法:①检查控制线路电源。②检查按钮触点及引出线,若按下点动按钮而接触器动作正常,一般都是启动按钮触点有问题。③检查线圈引出线有无断线和焊点脱落,当是线圈内部断线时,需拆开线圈外层绝缘进行修复;若是外层引线脱焊,焊好断线,并把绝缘修复即可;若是线圈内层断线,一般不再修复,直接换上新线圈。

故障现象二:按下启动按钮,接触器不能完全闭合。

产生原因:①按钮的触点不清洁或过度氧化;②接触器可动部分局部卡阻;③控制电路电源电压低于额定值85%;④接触器反力过大(触点压力弹簧和反力弹簧的压力过大);⑤触点超行程过大。

检修方法:①清洁按钮触点;②消除卡阻;③调整电源电压到规定值;④调整弹簧压力或

更换弹簧;⑤调整触点超行程距离。

故障现象三:按下停止按钮,接触器不分开。

产生原因:①可动部分被卡住。②反力弹簧的反力太小。③剩磁过大。④铁芯表面有油污,使动铁芯黏附在静铁芯上。⑤触头熔焊。熔焊的主要原因有:操作频率过高或接触器选用不当、负载短路、触点弹簧压力过小、触点表面有金属颗粒突起或异物、启动过程尖峰电流过大、线圈的电压偏低、磁系统的吸力不足,造成触点动作不到位或动铁芯反复跳动,致使触点处于似接触非接触的状态。⑥联锁触点与按钮间接线不正确而使线圈未断电。

检修方法:①消除卡阻原因。②更换反力弹簧。③更换铁芯。④清除油污。⑤降低操作频率或更换合适的接触器,排除短路故障,调整触点弹簧压力,清理触点表面,降低尖峰电流。当闭合能力不足时,提高线圈电压不低于额定值的85%。当触点轻微焊接时,可稍加外力使其分开,锉平浅小的金属熔化痕迹,对于已焊牢的触点,只能拆除更新。⑥检查联锁触点与按钮间接线。

故障现象四:铁芯发出过大的噪声,甚至嗡嗡振动。

产生原因:线圈电压不足,动、静铁芯的接触面相互接触不良,短路环断裂。

检修方法:调整电源电压不低于线圈电压额定值的85%,锉平铁芯接触面,使相互接触良好,焊接断裂的短路环或更新。

故障现象五:启动按钮释放后接触器分开。

产生原因:①接触器自锁触点失效;②自锁线路接线错误或线路接触不良。

检修方法:①检查自锁触点是否有效接触;②排除线路接线错误并保证线路接触可靠。

故障现象六:按下启动按钮,接触器线圈过热、冒烟。

产生原因:①控制电路电源电压大于线圈电压,此时接触器会出现动作过猛现象;②线圈匝间短路,此时线圈呈现局部过热,因吸力降低而铁芯发生噪声。

检修方法:①检查电源电压,如果是因更换了接触器线圈而出现此现象,一般是线圈更换错误(如将220 V的线圈用于380 V的电源上);②用线圈测量仪测量其圈数或测量其直流电阻,与线圈标牌上的圈数或电阻值相比较。一般均换成新圈而不修理。

故障现象七:短路。

产生原因:①接触器用于正、反转控制过程中,正转接触器触点因熔焊、卡阻等原因不能分断,反转接触器动作造成相间短路;②正、反转线路接原设计不当,当正向接触器尚未完全分断时反向接触器已接通而形成相间短路;③接触器绝缘损坏,对地短路。

检修方法:①消除触点熔焊、可动部分卡阻等故障;②设计上增加联锁保护,应更换成动作时间较长(铁芯行程较长)的可逆接触器;③查找绝缘损坏原因,更换接触器。

故障现象八:触点断相。

产生原因:触点烧缺,压力弹簧片失效,连接螺钉松脱。

检修方法:更换触点,更换压力弹簧,拧紧松脱螺钉。

故障现象九:肉眼可见外伤。

产生原因:机械性损伤。

检修方法:仅为外部损伤时,可进行局部修理,如外部包扎、涂漆或黏结好骨架裂缝。当机械性损伤而引起线圈内部短路、断路或触点损坏等时,应更换线圈、触点。

(二)热继电器常见故障

故障现象一:电气设备经常烧毁而热继电器不动作。

产生原因:热继电器的整定电流与被保护设备要求的电流不符。

检修方法:按照被保护设备的容量调整整定电流到合适值,更换热继电器。

故障现象二:在设备正常工作状态下热继电器频繁动作。

产生原因:①热继电器久未校验,整定电流偏小;②热继电器刻度失准或没对准刻度;③热继电器可调整部件的固定支钉松动,偏离原来整定点;④有盖子的热继电器未盖上盖子,灰尘堆积、生锈,或动作机构卡阻、磨损,塑料部件损坏;⑤热继电器的安装方向不符合规定;⑥热继电器安装位置的环境温度太高;⑦热继电器通过了巨大的短路电流后,双金属元件已产生永久变形;⑧热继电器与外界连接线的接线螺钉没拧紧,或连接线的直径不符合规定。

检修方法:①对热继电器重新进行调整实验(在正常情况下每年应校验一次),校准刻度、紧固支钉或更换新热继电器;②清除热继电器上的灰尘和污垢,排除卡阻,修理损坏的部件,重新进行调整实验;③调整热继电器安装方向符合规定;④变换热继电器的安装位置或加强散热,降低环境温度,另另配置适当的热继电器;⑤更换双金属片;⑥拧紧接线螺钉或换上合适的连接线。

故障现象三:热继电器的动作时而快时而慢。

产生原因:①热继电器内部机构有某些部件松动;②双金属片有形变损伤;③接线螺钉未拧紧;④热继电器校验不准。

检修方法:①将松动部件加以固定;②用热处理的办法消除双金属片内应力;③拧紧接线螺钉;④按规定的过程、条件、方法重新校验。

故障现象四:接入热继电器后,主电路不通。

产生原因:①负载短路将热元件烧毁;②热继电器的接线螺钉未拧紧;③复位装置失效。

检修方法:①更换热元件或热继电器;②拧紧接线螺钉;③修复复位装置或更换热继电器。

故障现象五:控制电路不通。

产生原因:①触点烧毁,或动触片的弹性消失,动、静触点不能接触;②在可调整式热继电器中,有时由于刻度盘或调整螺钉转到不合适的位置,将触点顶开了;③线路联结不良。

检修方法:①修理触头和触片;②调整刻度盘或调整螺钉;③排除线路故障,保证联结良好。

故障现象六:热继电器整定电流无法调准。

产生原因:①热继电器电流值比不对;②热元件的发热量太小或太大;③双金属片用错或装错。

检修方法:①更换为符合要求的热继电器;②更换正确的热元件;③更换或重新安装双金属片,电流值较小的热继电器,更换双金属片。

五、项目评价

1.学生讨论

2.总结

（1）熟悉位置开关的种类,掌握位置开关的结构原理。

（2）掌握位置开关在线路中的作用,掌握控制线路的原理分析。

3. 思考与练习

（1）试设计电动门控制回路,要求能连续运行开关门,全开和全关位置有限位保护。

（2）试设计锅炉吹灰器控制回路,要求:①一次吹灰过程为自动前进,到达前进限位时能自动后退,到达后退限位时停,完成一次吹灰;②有点动前进。

（3）如果要实现小车往复运动的自动停止控制,应采取什么办法? 如何对控制线路进行改装?

■ 习　题

1-1　简述交流接触器在电路中的作用、结构和工作原理。

1-2　自动空气开关有哪些脱扣装置? 各起什么作用?

1-3　从接触器的结构上,如何区分是交流接触器还是直流接触器?

1-4　线圈电压为 220 V 的交流接触器,误接入 220 V 直流电源;或线圈电压为 220 V 的直流接触器,误接入 220 V 交流电源,会产生什么后果? 为什么?

1-5　交流接触器铁芯上的短路环起什么作用? 若此短路环断裂或脱落,在工作中会出现什么现象? 为什么?

1-6　某机床的电动机为 JO2 - 42 - 4 型,额定功率 5.5 kW,额定电压 380 V,额定电流为 12.5 A,启动电流为额定电流的 7 倍,现用按钮进行启停控制,需有短路保护和过载保护,试选用接触器、按钮、熔断器、热继电器和电源开关的型号。

1-7　电动机点动控制与连续控制的关键控制环节是什么? 其主电路又有何区别?

1-8　常开触点串联或并联,在电路中起什么样的控制作用? 常闭触点串联或并联起什么控制作用?

1-9　电动机常用的保护环节有哪些? 通常它们各由哪些电器来实现其保护?

1-10　为什么热继电器不能作短路保护而只能作长期过载保护? 熔断器则相反,为什么?

1-11　试述"自锁""互锁"的含义,并举例说明各自的作用。

1-12　试设计电动门控制回路,要求能连续运行开关门,全开位置和全关位置有限位保护。

1-13　试设计锅炉吹灰器控制回路,要求:①一次吹灰过程为自动前进,到达前进限位时能自动后退,到达后退限位时停,完成一次吹灰;②有点动前进。

项目二 三节皮带顺序启停的继电－接触器控制

实际生产中,常常要求电动机按照一定的顺序启动,比如,一些设备要求液压泵电动机首先启动正常供液后,其他动力部件的驱动电动机方可启动工作。控制设备按照这样的顺序启动电动机的电路,称为顺序启动控制电路或者条件控制电路。本项目共包含两种常见的顺序控制线路。

子项目一 两台电动机的顺序启停继电－接触器控制

一、项目目标

(1)掌握时间继电器的原理及用法。
(2)掌握触点之间的联锁。
(3)掌握两台电动机顺序启停控制的方法,学会安装接线。

二、项目准备

(一)项目分析

在装有多台电动机的设备上,各个电动机的作用不同,有时要求电动机按照一定的顺序启动,还要按照一定的顺序停止,才能满足一定的要求。实现这种设计的方法有很多种,可以通过触点的联锁来实现,也可以通过时间继电器来实现。

(二)相关知识:时间继电器原理及应用

在感受部分感受外界信号后,经过一段时间才能使执行部分动作的继电器,叫作时间继电器。

时间继电器的种类很多,主要有直流电磁式、空气阻尼式、电动机式、电子式等几大类。按照延时方式的不同分为通电延时型时间继电器和断电延时型时间继电器。

当线圈通电后,其瞬时触点立即动作,但其延时触点要经过设定的时间之后再动作;当线圈断电后,其瞬时触点和延时触点立即复位成原来的状态,这种类型的时间继电器叫作通电延时型时间继电器。

当线圈通电后,其瞬时触点和延时触点立即动作;当线圈断电后,其瞬时触点立即复位成原来的状态,但其延时触点要经过设定的时间之后再复位成原来的状态,这种类型的时间继电器叫作断电延时型时间继电器。

1. 直流电磁式时间继电器

直流电磁式时间继电器是用阻尼的方法来延缓磁通变化的速度,以达到延时目的的时间继电器。它具有结构简单、运行可靠、寿命长、允许通电次数多等优点。但它仅适用于直流电路,延时时间较短。一般通电延时仅为 $0.1 \sim 0.5$ s,而断电时间可达 $0.2 \sim 10$ s。因此,直流电磁式时间继电器主要用于断电延时。

2. 空气阻尼式时间继电器

空气阻尼式时间继电器由电磁机构、工作触点及气室三部分组成,它的延时是靠空气的阻尼作用来实现的。常见的型号有 JS -7A 系列,按其控制原理有通电延时和断电延时两种类型。

图 2-1 所示为 JS -7A 空气阻尼式时间继电器的工作原理。

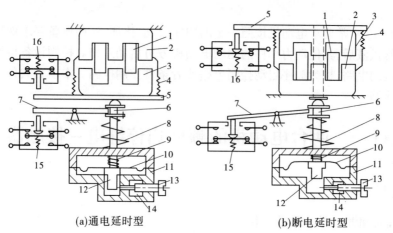

(a)通电延时型　　　　　　　　　(b)断电延时型

1—线圈;2—铁芯;3—衔铁;4—反力弹簧;5—推板;6—活塞杆;7—杠杆;
8—塔形弹簧;9—弱弹簧;10—橡皮膜;11—空气室壁;
12—活塞;13—调节螺钉;14—进气孔;15、16—微动开关

图 2-1　JS -7A 空气阻尼式时间继电器的工作原理

当通电延时型时间继电器电磁铁线圈 1 通电后,将衔铁吸下,于是活塞杆 6 与衔铁间出现一个空隙,当与顶杆相连的活塞在杠杆 7 作用下由下向上移动时,在橡皮膜下面形成空气稀薄的空间(气室),空气由进气孔逐渐进入气室,活塞因受到空气的阻力,不能迅速上升,在上升到一定位置时,微动开关 15 使进气孔 14 动作(常开触点闭合,常闭触点断开)。线圈断电时,弹簧使衔铁和活塞等复位,空气经橡皮膜与顶杆 6 之间推开的气隙迅速排出,触点瞬时复位。

断电延时型时间继电器与通电延时型时间继电器的原理与结构均相同,只是将其电磁机构翻转 180°安装。

空气阻尼式时间继电器延时时间有 $0.4 \sim 180$ s 和 $0.4 \sim 60$ s 两种规格,具有延时范围较宽、结构简单、工作可靠、价格低廉、寿命长等优点,是机床交流线路中常用的时间继电器。它的缺点是延时精度较低。

表 2-1 为 JS -7A 型为空气阻尼式时间继电器技术数据,其中 JS7 -2A 型和 JS7 -4A 型既带有延时动作触点又带有瞬时动作触点。

3. 电动机式时间继电器

电动机式时间继电器由同步电动机、减速齿轮机构、电磁离合系统及执行机构组成。电动机式时间继电器延时时间长,可达数十小时,延时精度高,但结构复杂,体积较大,常用的有 JS10 系列、JS11 系列和 7PR 系列。

表 2-1　JS-7A 型为空气阻尼式时间继电器技术数据

型号	触点额定容量		延时触点数量				瞬时动作触点对数		线圈电压（V）	延时范围（s）
	电压（V）	电流（A）	线圈通电延时		断电延时					
			常开	常闭	常开	常闭	常开	常闭		
JS7-1A	380	5	1	1					交流 36、127、220、380	0.4~60 及 0.4~180
JS7-2A			1	1			1	1		
JS7-3A					1	1				
JS7-4A					1	1	1	1		

4. 电子式时间继电器

电子式时间继电器早期产品多是阻尼式,其开发的产品多为数字式,又称计数式,由脉冲发生器、计数器、数字显示器、放大器及执行机构组成,具有延时时间长、调节方便、精度高的优点,有的还带有数字显示,应用很广,可取代阻容式、空气式、电动机式等时间继电器。该类时间继电器只有通电延时型,延时触点均为延时性质的,无瞬时动作触点。

图 2-2 所示为时间继电器的图形符号和文字符号。

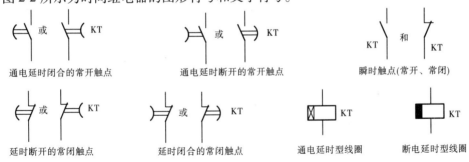

图 2-2　时间继电器的图形符号和文字符号

三、项目实施

(一)以时间继电器实现自动顺序启动电路(带有时间限制要求)

1. 电路分析

图 2-3 所示是两台电动机自动按顺序启动电路,KM1 是电动机 M1 的启动控制接触器,KM2 是电动机 M2 的启动控制接触器。从图上可以看出,启动按钮只有一个 SB2,启动 SB2 接通 KM1 线圈,KM1 主触点闭合,电动机 M1 启动,同时接通时间继电器 KT,计时结束后时间继电器 KT 延时触点闭合,接通 KM2 线圈,KM2 主触点闭合,电动机 M2 启动,实现自动顺序启动。

2. 具体实施

1)根据电气原理图画出电气接线图

由于主电路几乎都是固定不变的,我们只画出控制电路的接线图。首先在原理图上标出各个节点,注意不要少标,也不要多标,具体如图 2-4 所示。

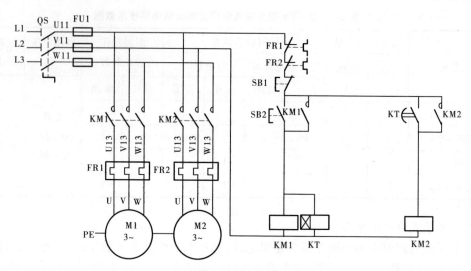

图 2-3   时间继电器控制顺序启动电路

2) 拆分电路

根据自己所标注的号码,把电路图拆分,同类的器件放在一起,以便于接线。拆分的结果如图 2-5 所示。

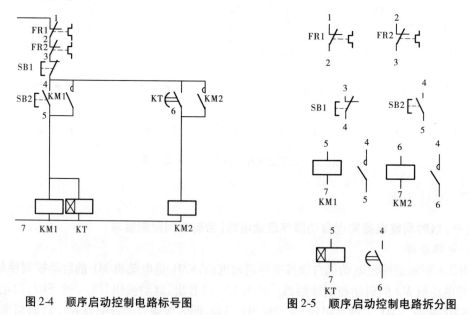

图 2-4   顺序启动控制电路标号图   图 2-5   顺序启动控制电路拆分图

3) 接线

在接线板上摆好所需要的器件,如图 2-5 所示,把相同的数字连接在一起,就完成了电路接线工作。

4) 调试

按照实验室操作规程和实验要求验证调试直至正常运行,并记录实验过程中出现的故障及解决故障的方法。

（二）以时间继电器实现自动顺序停止电路（带有时间限制要求）

1.电路分析

图 2-6 所示为两台电动机自动按顺序停止电路,KM1 是电动机 M1 的启动控制接触器,KM2 是电动机 M2 的启动控制接触器。从图上可以看出,按下启动按钮 SB1 接通 KM1 的线圈,KM1 主触点闭合,电动机 M1 启动。按下启动按钮 SB2 接通 KM2 线圈,KM2 主触点闭合,电动机 M2 启动。停止时,按下复合按钮 SB3,切断 KM2 线圈使电动机 M2 停止,同时接通时间继电器 KT,计时结束后时间继电器 KT 延时触点断开,使交流接触器 KM1 线圈和时间继电器线圈同时失电,KM1 主触点断开,电动机 M1 停止。实现自动顺序停止。

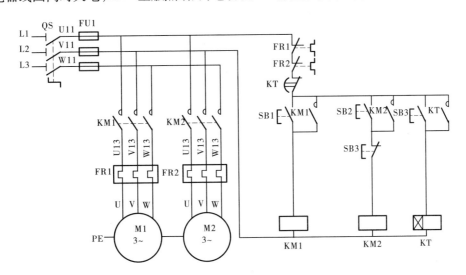

图 2-6　时间继电器控制顺序停止电路

2.具体实施

1）根据电气原理图画出电气接线图

在原理图上标出各个节点,注意不要少标,也不要多标,具体如图 2-7 所示。

2）拆分电路

根据自己所标注的号码,把电路图拆分,同类的器件放在一起,以便于接线。拆分的结果如图 2-8 所示。

3）接线

在接线板上摆好所需要的器件,如图 2-8 所示,将相同的数字连接在一起就完成了电路接线工作。

4）调试

按照实验室操作规程和实验要求验证调试直至正常运行,并记录实验过程中出现的故障及解决故障的方法。

（三）以时间继电器实现自动顺序启停电路（带有时间限制要求）

1.电路分析

图 2-9 所示为两台电动机自动按顺序启停电路,KM1 是电动机 M1 的启动控制接触器,KM2 是电动机 M2 的启动控制接触器。从图上可以看出,按下启动按钮 SB1 接通 KM1 线圈,KM1 主触点闭合,电动机 M1 启动,同时接通时间继电器 KT1,计时结束后时间继电器

—

KT1 延时触点闭合接通 KM2 线圈,KM2 主触点闭合,电动机 M2 启动。停止时,按下复合按钮 SB2,切断 KM2 线圈使电动机 M2 停止,同时接通时间继电器 KT2,计时结束后时间继电器 KT2 延时触点断开,使交流接触器 KM1 线圈和时间继电器线圈同时失电,KM1 主触点断开电动机 M1 停止。

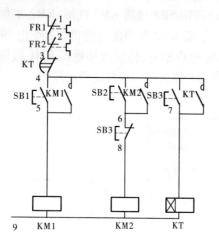

图 2-7　顺序启停控制电路标号图

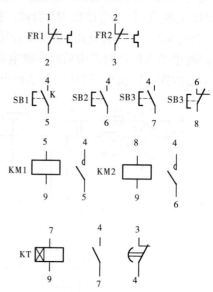

图 2-8　顺序启停控制电路拆分图

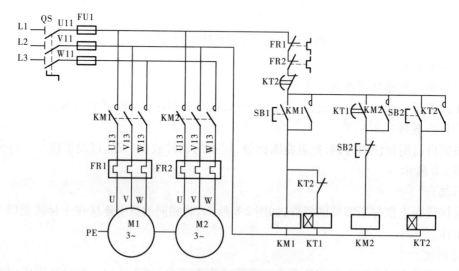

图 2-9　时间继电器控制顺序启停电路

2. 具体实施

1)根据电气原理图画出电气接线图

在原理图上标出各个节点,注意不要少标,也不要多标,具体如图 2-10 所示。

2)拆分电路

根据自己所标注的号码,把电路图拆分,同类的器件放在一起,以便于接线。拆分的结果如图 2-11 所示。

3)接线

在接线板上摆好所需要的器件,如图 2-11 所示,将相同的数字连接在一起,就完成了电路接线工作。

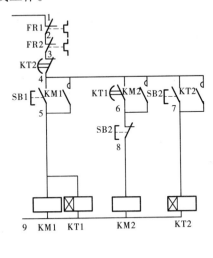

图 2-10 顺序启停控制电路标号图

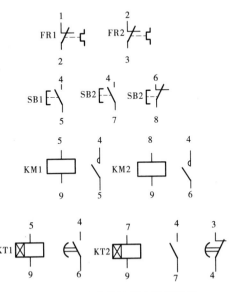

图 2-11 顺序启停控制电路拆分图

4)调试

按照实验室操作规程和实验要求验证调试直至正常运行,并记录实验过程中出现的故障及解决故障的方法。

四、知识拓展

(一)以触点联锁实现手动顺序启动电路(无时间限制要求)

1. 电路分析

图 2-12 所示是两台电动机手动顺序启动电路,KM1 是电动机 M1 的启动控制接触器,KM2 是电动机 M2 的启动控制接触器。从图上可以看出,电动机 M2 的接触器 KM2 的线圈串接了接触器 KM1 的常开触点,用此常开触点在接触器 KM2 线圈回路上设置了一个断点,只有启动 M1 后,M2 才能启动。按下停止按钮 SB1 时,电动机 M1、M2 同时停止。KM1 的常开触点在此电路中有两个作用,一是自锁使线圈 KM1 保持导通,二是联锁控制接触器 KM2 的线圈。

2. 任务实施

1)根据电气原理图画出电气接线图

在原理图上标出各个节点,注意不要少标,也不要多标,具体如图 2-13 所示。

2)拆分电路

根据自己所标注的号码,把电路图拆分,同类的器件放在一起,以便于接线。拆分的结果如图 2-14 所示。

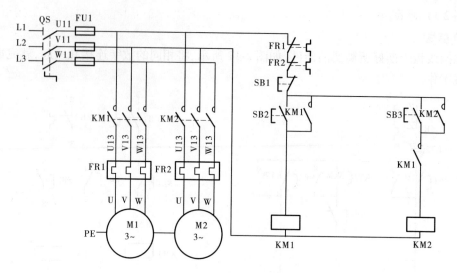

图 2-12　触点联锁控制顺序启动电路

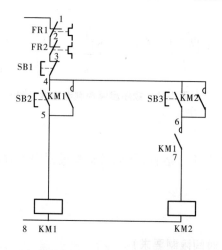

图 2-13　顺序启动控制电路标号图

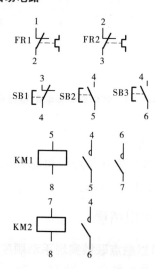

图 2-14　顺序启动控制电路拆分图

3）接线

在接线板上摆好所需要的器件,如图 2-14 所示,将相同的数字连接在一起,就完成了电路接线工作。

4）调试

按照实验室操作规程和实验要求验证调试直至正常运行,并记录实验过程中出现的故障及解决故障的方法。

（二）以触点联锁实现手动顺序停止电路（无时间限制要求）

1. 电路分析

图 2-15 所示是两台电动机手动顺序停止电路,KM1 是电动机 M1 的启动控制接触器,KM2 是电动机 M2 的启动控制接触器。从图上可以看出,电动机 M1 的启动按钮 SB1 并联

了接触器 KM2 的常开触点,两台电动机都启动以后,由于此常开触点的存在,当按下 M1 的停止按钮 SB3 时,电动机 M1 无法停止,因为此常开触点使接触器 KM1 线圈继续保持导通。只有先按下 M2 的停止按钮 SB4,接触器 M2 线圈失电,其所有触点复位。再按下 M1 的停止按钮 SB3,电动机 M1 才会停止。

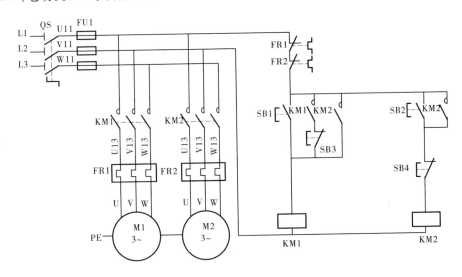

图 2-15　触点联锁控制顺序停止电路

2. 任务实施

1)根据电气原理图画出电气接线图

在原理图上标出各个节点,注意不要少标,也不要多标,具体如图 2-16 所示。

2)拆分电路

根据自己所标注的号码,把电路图拆分,同类的器件放在一起,以便于接线。拆分的结果如图 2-17 所示。

3)接线

在接线板上摆好所需要的器件,如图 2-17 所示,将相同的数字连接在一起,就完成了接线工作。

4)调试

按照实验室操作规程和实验要求验证调试直至正常运行,并记录实验过程中出现的故障及解决故障的方法。

(三)以触点联锁实现手动顺序启停电路(无时间限制要求)

1. 电路分析

图 2-18 所示是两台电动机手动顺序启停电路,KM1 是电动机 M1 的启动控制接触器,KM2 是电动机 M2 的启动控制接触器。从图上可以看出,电动机 M2 的接触器 KM2 的线圈串接了接触器 KM1 的常开触点,用此常开触点在接触器 KM2 线圈回路上设置了一个断点,只有启动 M1 后,M2 才能启动。电动机 M1 的启动按钮 SB1 并联了接触器 KM2 的常开触点,两台电动机都启动以后,由于此常开触点的存在,当按下 M1 的停止按钮 SB3 后,电动机 M1 无法停止,因为此常开触点使接触器 KM1 线圈继续保持导通。只有先按下 M2 的停止

按钮 SB4,接触器 M2 线圈失电,使其所有触点复位。再按下 M1 的停止按钮 SB3,电动机 M1 才会停止。

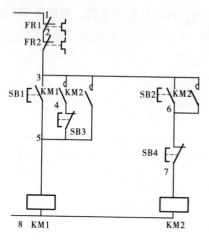

图 2-16　顺序停止控制电路标号图　　　　**图 2-17　顺序停止控制电路拆分图**

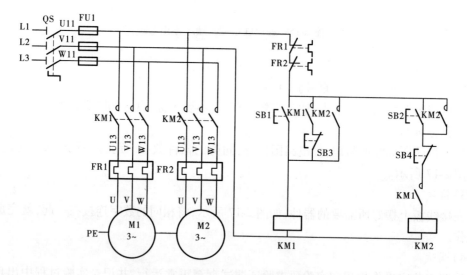

图 2-18　触点联锁控制顺序启停电路

2. 任务实施

1)根据电气原理图画出电气接线图

在原理图上标出各个节点,注意不要少标,也不要多标,具体如图 2-19 所示。

2)拆分电路

根据自己所标注的号码,把电路图拆分,同类的器件放在一起,以便于接线。拆分的结果如图 2-20 示。

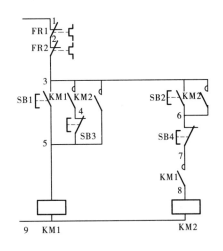

图2-19 顺序启停控制电路标号图

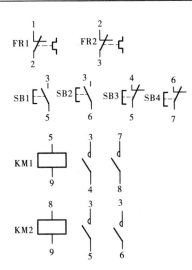

图2-20 顺序启停控制电路拆分图

3）接线

在接线板上摆好所需要的器件,如图2-20所示,将相同的数字连接在一起,就完成了电路接线工作。

4）调试

按照实验室操作规程和实验要求验证调试直至正常运行,并记录实验过程中出现的故障及解决故障的方法。

五、项目评价

1.学生讨论

2.总结

本子项目主要讲的是依靠时间继电器来实现的电器顺序启停。要熟练掌握时间继电器的用法以及它的技术参数,掌握以时间继电器控制电路控制线路的特点,还要掌握控制线路中的保护环节。

能够熟练掌握接线图的画法,标点的时候不要标错,两点之间不能出现节点,每个器件必须连着不同的两个点。

3.思考与练习

(1)思考用断电延时型继电器来实现两台电机的顺序启停。

(2)设计一个控制电路,三台笼型感应电动机启动时,M1 先启动,经 5 s 后 M2 自行启动,运行 20 s 后 M1 停止并同时使 M3 自行启动,再运行 30 s 后电动机全部停止。说出逻辑控制思路,并画出主电路和控制电路。

子项目二 三节皮带的顺序启停的继电－接触器控制

一、项目目标

(1)掌握中间继电器的原理及用法。

（2）进一步熟练时间继电器的用法。

（3）掌握三台电动机顺序启停控制的方法,学会安装接线。

二、项目准备

（一）项目分析

皮带是一种运输物品的工具,它广泛应用于工矿企业、仓库等场所,是现代工业不可缺少的运输工具。有时运输的距离过长,需要多节皮带才能完成运输要求,例如煤矿井下原煤运输,需要几千米长的皮带,这就需要多节皮带进行连接,每节皮带由一个电动机带动,如果同时启动,前面的皮带上没有原煤,这时就是一种浪费。为了节约成本,我们可以把皮带设计成一节一节的启动,这就需要按顺序启停。为了实现这种控制,现在我们以三节皮带为例讲解多台电机按时间顺序启停控制。

（二）相关知识:中间继电器

中间继电器的作用是将一个输入信号变成多个输出信号或将信号放大（增大触头容量）的继电器。其实质为电压继电器,但它的触点数量较多（可达 8 对）,触点容量较大（5 ~ 10 A）。

中间继电器按电压分为两类:一类是用于交直流电路中的 JZ 系列,另一类是用于直流操作的各种继电器保护线路中的 DZ 系列。

常用的中间继电器有 JZ7 系列,以 JZ7 – 62 为例,JZ 为中间继电器的代号,7 为设计序号,有 6 对常开触点,2 对常闭触点。表 2-2 为 JZ7 系列的主要技术数据。

表 2-2　JZ7 系列的主要技术数据

型号	触点额定电压（V）	触点额定电流（A）	触点对数		吸收线圈电压（V）	额定操作频率（次/h）
			常开	常闭		
JZ7 – 44	500	5	4	4	交流 50 Hz 时 12、36、127、220、380	1 200
JZ7 – 62			6	2		
JZ7 – 80			8	0		

新型中间继电器触点闭合过程中动、静触点间有一段滑擦、滚压过程,可以有效地清除触点表面的各种生成膜及尘埃,减小了接触电阻,提高了接触可能性,有的还装了防尘罩或采用密封结构,也是提高可靠性的措施。有些中间继电器安装在插座上,插座有多种形式可供选择;有些中间继电器可直接安装在导轨上,安装和拆卸均很方便。常用的有 JZ18、MA、K、HH5、RT11 等系列。

中间继电器的图形符号和文字符号如图 2-21 所示。

图 2-21　中间继电器的图形符号和文字符号

三、项目实施

（一）电路分析

如图 2-22（a）所示，电路中有三台电动机分别拖动三节皮带，KM1 是电动机 M1 的启动控制接触器，KM2 是电动机 M2 的启动控制接触器，KM3 是电动机 M3 的启动控制接触器。要求启动的时候电动机 M1 先启动，1 min 之后 M2 再启动，再间隔 1 min M3 启动。停止时电动机 M3 先停止，1 min 之后 M2 再停止，再间隔 1 min M1 停止。

为保证主电路的正常运行，主电路还设置了采用熔断器的短路保护环节和采用热继电器的电动机过载保护环节。

从控制电路上看，为了保障出现故障时能够紧急把所有的电机停止，我们还设置了一个紧急停车按钮 SB1。当按下启动按钮 SB2 时接通 KM1 线圈，使接触器 KM1 主触点闭合，电动机 M1 运转，同时接通时间继电器 KT1，当计时结束后时间继电器 KT1 常开触点接通 KM2 线圈，使接触器 KM2 主触点闭合，电动机 M2 运转，同时又接通时间继电器 KT2，当计时结束后时间继电器 KT2 常开触点接通 KM3 线圈，使接触器 KM3 主触点闭合，电动机 M3 运转，这时启动也就完成了。停止时按下复合按钮 SB3 切断 KM3 线圈，使接触器 KM3 所有触点复位，M3 停止工作，复合按钮 SB3 的常开触点接通一中间继电器 KA1，使其自锁并接通时间继电器 KT3，当计时结束后时间继电器 KT3 的延时断开的常闭触点断开，使接触器 KM2 线圈断开，M2 停止工作，同时时间继电器 KT3 的延时闭合的常开触点闭合接通中间继电器 KA2，使其自锁并接通时间继电器 KT4，计时结束后时间继电器 KT4 的延时断开的常闭触点断开，使整个电路断开，M1 停止。后面的中间继电器 KA1、KA2 都失电。整个控制过程结束。

（二）任务实施

1. 根据电气原理图画出电气接线图

根据电气原理图 2-22（b）画出电气接线图，在原理图上标出各个节点，注意不要少标，也不要多标，具体如图 2-23 所示。

2. 拆分电路

根据自己所标注的号码，把电路图拆分，同类的器件放在一起，以便于接线。拆分的结果如图 2-24 所示。

3. 接线

在接线板上摆好所需要的器件，如图 2-24 所示，将相同的数字连接在一起 就完成了接线工作。

4. 调试

按照实验室操作规程和实验要求验证调试直至正常运行，并记录实验过程中出现的故障及解决故障的方法。

四、知识拓展：电气故障检修

（一）电气故障检修的一般步骤

（1）观察和调查故障现象：电气故障现象是多种多样的。例如，同一类故障可能有不同的故障现象，不同类故障可能有同种故障现象，这种故障现象的同一性和多样性给查找故障

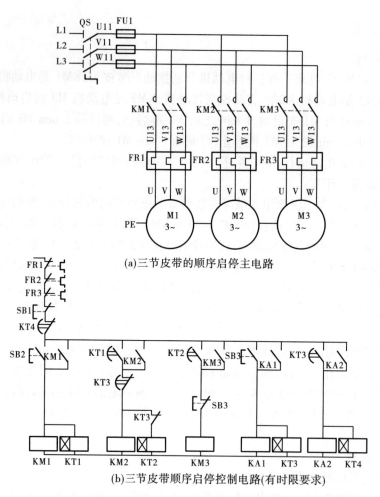

(a)三节皮带的顺序启停主电路

(b)三节皮带顺序启停控制电路(有时限要求)

图 2-22　三节皮带的顺序启停的继电－接触器控制电器

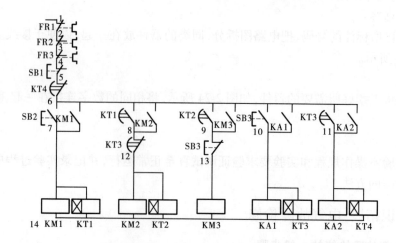

图 2-23　三节皮带的顺序启停的继电－接触器控制电路标号图

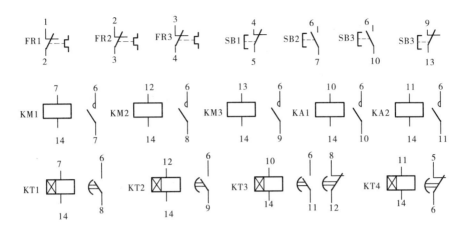

图 2-24　三节皮带的顺序启停的继电－接触器控制电路拆分图

带来困难。但是,故障现象是检修电气故障的基本依据,是电气故障检修的起点,因而要对故障现象进行仔细观察、分析,找出故障现象中最主要、最典型的方面,搞清故障发生的时间、地点、环境等。

(2)分析故障原因,初步确定故障范围、缩小故障部位:根据故障现象分析故障原因是电气故障检修的关键。分析的基础是电工电子基本理论,是对电气设备的构造、原理、性能的充分理解,是电工电子基本理论与故障实际的结合。某一电气故障产生的原因可能很多,重要的是在众多原因中找出最主要的原因。

(3)确定故障的部位,判断故障点:确定故障部位是电气故障检修的最终目标和结果。确定故障部位可理解成确定设备的故障点,如短路点、损坏的元器件等,也可理解成确定某些运行参数的变异,如电压波动、三相不平衡等。确定故障部位是在对故障现象进行周密考察和细致分析的基础上进行的。在这一过程中,往往要采用下面将要介绍的多种手段和方法。在完成上述工作过程中,实践经验的积累起着重要的作用。

(二)电气故障检修技巧

(1)熟悉电路原理,确定检修方案:当一台设备的电气系统发生故障时,不要急于动手拆卸,首先要了解该电气设备产生故障的现象、经过、范围、原因。熟悉该设备及电气系统的基本工作原理,分析各个具体电路。弄清电路中各级之间的相互联系以及信号在电路中的来龙去脉,结合实际经验,经过周密思考,确定一个科学的检修方案。

(2)先机损,后电路:电气设备都以电气－机械原理为基础,特别是机电一体化的先进设备,机械和电子在功能上有机配合,是一个整体的两个部分。往往机械部件出现故障,影响电气系统,许多电气部件的功能就不起作用。因此,不要被表面现象迷惑,电气系统出现故障并不全部都是电气本身的问题,有可能是机械部件发生故障所造成的。因此,先检修机械系统所产生的故障,再排除电气部分的故障,往往会收到事半功倍的效果。

(3)先简单,后复杂:检修故障要先用最简单易行、自己最拿手的方法去处理,再用复杂、精确的方法。排除故障时,先排除直观、显而易见、简单常见的故障,后排除难度较高、没有处理过的疑难故障。

(4)先检修通病,后攻疑难杂症:电气设备经常容易产生相同类型的故障,即"通病"。由于通病比较常见,积累的经验较丰富,因此可快速排除,这样就可以集中精力和时间排除比较少见、难度高、古怪的疑难杂症,简化步骤,缩小范围,提高检修速度。

(5)先外部调试,后内部处理:外部是指暴露在电气设备外壳或密封件外部的各种开关、按钮、插口及指示灯。内部是指在电气设备外壳或密封件内部的印制电路板、元器件及各种连接导线。先外部调试,后内部处理,就是指在不拆卸电气设备的情况下,利用电气设备面板上的开关、旋钮、按钮等调试检查,缩小故障范围。首先排除外部部件引起的故障,再检修机内的故障,尽量避免不必要的拆卸。

(6)先不通电测量,后通电测试:首先在不通电的情况下,对电气设备进行检修;然后在通电情况下,对电气设备进行检修;对许多发生故障的电气设备检修时,不能立即通电,否则会人为扩大故障范围,烧毁更多的元器件,造成不应有的损失。因此,在故障机通电前,先进行电阻测量,采取必要的措施后,方能通电检修。

(7)先公用电路,后专用电路:任何电气系统的公用电路出故障,其能量、信息就无法传送、分配到各具体专用电路,专用电路的功能、性能就不起作用。如一个电气设备的电源出故障,整个系统就无法正常运转,向各种专用电路传递的能量、信息就不可能实现。因此,遵循先公用电路、后专用电路的顺序,就能快速、准确地排除电气设备的故障。

(8)总结经验,提高效率:电气设备出现的故障五花八门、千奇百怪。任何一台有故障的电气设备检修完,应该把故障现象、原因、检修经过、技巧、心得记录在专用笔记本上,学习掌握各种新型电气设备的机电理论知识,熟悉其工作原理,积累维修经验,将自己的经验上升为理论。在理论指导下,具体故障具体分析,才能准确、迅速地排除故障。只有这样才能把自己培养成为检修电气故障的行家。

(三)电气故障检修的一般方法

电气故障检修,主要是理论联系实际,根据具体故障作具体分析,但也有基本的检修方法。

1.直观法

通过"问、看、听、摸、闻"来发现异常情况,从而找出故障电路和故障所在部位。

(1)问:向现场操作人员了解故障发生前后的情况。如故障发生前是否过载、频繁启动和停止;故障发生时是否有异常声音和振动,有没有冒烟、冒火等现象。

(2)看:仔细察看各种电气元件的外观变化情况。如看触点是否烧融、氧化,熔断器熔体熔断指示器是否跳出,热继电器是否脱扣,导线和线圈是否烧焦,热继电器整定值是否合适,瞬时动作整定电流是否符合要求等。

(3)听:主要听有关电器在故障发生前后声音是否有差异。如听电动机启动时是否只"嗡嗡"响而不转;接触器线圈得电后是否噪声很大等。

(4)摸:故障发生后,断开电源,用手触摸或轻轻推拉导线及电器的某些部位,以察觉异常变化。如摸电动机、自耦变压器和电磁线圈表面,感觉湿度是否过高;轻拉导线,看连接是否松动;轻推电器活动机构,看移动是否灵活等。

(5)闻:故障出现后,断开电源,将鼻子靠近电动机、自耦变压器、继电器、接触器、绝缘导线等处,闻闻是否有焦味。如有焦味,则表明电器绝缘层已被烧坏,主要原因则是过载、短路或三相电流严重不平衡等故障。

2.状态分析法

发生故障时,根据电气设备所处的状态进行分析的方法称为状态分析法。电气设备的运行过程总可以分解成若干个连续的阶段,这些阶段也可称为状态。任何电气设备都处在一定的状态下工作,如电动机工作过程可以分解成启动、运转、正转、反转、高速、低速、制动、停止等工作状态。电气故障总是发生于某一状态,而在这一状态中,各种元件又处于什么状态,这正是分析故障的重要依据。例如,电动机启动时,哪些元件工作,哪些触点闭合等,因而检修电动机启动故障时只需注意这些元件的工作状态。

状态划分得越细,对检修电气故障越有利。对一种设备或装置,其中的部件和零件可能处于不同的运行状态,查找其中的电气故障时必须将各种运行状态区分清楚。

3. 图形变换法

电气图是用以描述电气装置的构成、原理、功能,提供装接和使用维修信息的工具。检修电气故障,常常需要将实物和电气图对照进行。然而,电气图种类繁多,因此需要从故障检修方便出发,将一种形式的图变换成另一种形式的图。其中,最常用的是将设备布置接线图变换成电路图,将集中式布置电路图变换成分开式布置电路图。

设备布置接线图是一种按设备大致形状和相对位置画成的图,这种图主要用于设备的安装和接线,对检修电气故障也十分有用。但从这种图上,不易看出设备和装置的工作原理及工作过程,而了解其工作原理和工作过程是检修电气故障的基础,对检修电气故障是至关重要的,因此需要将设备布置接线图变换成电路图,电路图主要描述设备和装置的电气工作原理。

4. 类比法和替换法

当对故障设备的特性、工作状态等不十分了解时,可采用与同类完好设备进行比较,即通过与同类非故障设备的特性、工作状态等进行比较,从而确定设备故障的原因,称为类比法。例如,一个线圈是否存在匝间短路,可通过测量线圈的直流电阻来判定,但直流电阻多大才是完好的却无法判别。这时可以与一个同类型且完好的线圈的直流电阻值进行比较来判别。再如,电容式单相交流异步电动机出现了不能启动的故障,单相电容式电动机由两个绕组构成,一是启动绕组(Z1—Z2),二是运转绕组(U1—U2),还有一个主要元件是电容 C,参与电动机的启动和运转。因此,电动机不能启动运转的最大可能性,一是电容 C 损坏(短路或断线)或容量严重变小,二是电动机两绕组损坏。由于对这一电容和电动机的具体参数一时无法查找,只有借助于另一同类型或相近的电动机及电容的有关参数,对两者加以比较,以确定其故障的原因。

替换法即用完好的电器替换可疑电器,以确定故障原因和故障部位。例如,某装置中的一个电容是否损坏(电容值变化)无法判别,可以用一个同类型的完好的电容器替换,如果设备恢复正常,则故障部位就是这个电容。用于替换的电器应与原电器的规格、型号一致,且导线连接应正确、牢固,以免发生新的故障。

5. 推理分析法

推理分析法是根据电气设备出现的故障现象,由表及理,寻根溯源,层层分析和推理的方法。电气装置中各组成部分和功能都有其内在的联系,例如连接顺序、动作顺序、电流流向、电压分配等都有其特定的规律,因而某一部件、组件、元器件的故障必然影响其他部分,表现出特有的故障现象。在分析电气故障时,常常需要从这一故障联系到对其他部分的影响或由某一故障现象找出故障的根源。这一过程就是逻辑推理过程,即推理分析法,它又分为顺推理法和逆推理法。顺推理法一般是根据故障设备,从电源、控制设备及电路,一一分析和查找的方法。逆推理法则采用相反的程序推理,即由故障设备倒推至控制设备及电路、电源等,从而确定故障的方法。

6. 测量法

测量法即用电气仪表测量某些电参数的大小,经与正常的数值对比,来确定故障部位和故障原因。

(1)测量电压法:用万用表交流 500 V 挡测量电源、主电路电压以及各接触器和继电器线圈、各控制回路两端的电压。若发现所测处电压与额定电压不相符(超过 10%),则为故障可疑处。

(2)测量电流法:用钳形电流表或交流电流表测量主电路及有关控制回路的工作电流。若所测电流值与设计电流值不相符(超过 10%),则该电路为故障可疑处。

(3)测量电阻法:断开电源,用万用表欧姆挡测量有关部位的电阻值。若所测电阻值与要求的电阻值相差较大,则该部位极有可能就是故障点。一般来讲,触点接通时,电阻值趋近于"0",断开时电阻值为"∞";导线连接牢靠时连接处的接触电阻也趋近于"0",连接处松脱时,电阻值则为"∞";各种绕组(或线圈)的直流电阻值也很小,往往只有几欧姆至几百欧姆,而断开后的电阻值为"∞"。

(4)测量绝缘电阻法:断开电源,用兆欧表测量电器元件和线路对地以及相间绝缘电阻值。电器绝缘层绝缘电阻规定不得小于 0.5 MΩ。绝缘电阻值过小,是造成相线与地、相线与相线、相线与中性线之间漏电和短路的主要原因,若发现这种情况,应着重予以检查。

7. 简化分析法

组成电气装置的部件、元器件虽然都是必须的,但从不同的角度去分析,总可以划分出主要的部件、元器件和次要的部件、元器件。分析电气故障就要根据具体情况,注重分析主要的、核心的、本质的部件及元器件,这种方法称为简化分析法。例如,荧光灯的并联电容器,主要用于提高荧光灯负载的功率因数,它对荧光灯的工作状态影响不大。如果分析荧光灯电路故障,就可将电容简化掉,然后进行分析。又例如,某电动机正转运行正常,反转不能工作。分析这一故障时,就可将与正转有关的控制部分删去,简化成只有反转控制的电路再进行故障分析。

8. 试探分析法(再现故障法)

在确保设备安全的情况下,可以通过一些试探的方法确定故障部位。例如,通电试探或强行使某继电器动作等,以发现和确定故障的部位,即接通电源,按下启动按钮,让故障现象再次出现,以找出故障所在。再现故障时,主要观察有关继电器和接触器是否按控制顺序进行工作,若发现某一个电器的工作不对,则说明该电器所在回路或相关回路有故障,再对此回路作进一步检查,便可发现故障原因和故障点。

9. 菜单法

菜单法即根据故障现象和特征,将可能引起这种故障的各种原因按顺序罗列出来,然后查找和验证,直到确诊出真正的故障原因和故障部位。此方法适合初学者使用。

五、项目评价

1. 学生讨论

2. 总结

皮带是工业不可缺少的运输工具,应用比较广泛,本子项目主要讲的是依靠时间继电器控制的三节皮带启停。要熟练掌握中间继电器的用法,以及它的技术参数和使用的场合,加深对基本低压电器的应用,熟练掌握电路的接线。

3.思考与练习

用触点的联锁实现无时限要求的三节皮带的顺序启动和停止控制。

习　题

2-1　中间继电器与交流接触器有什么差异？在什么条件下中间继电器也可以用来启动电动机？

2-2　画出断电延时型时间继电器电磁线圈和各种延时触点的图形和文字符号。

2-3　空气式时间继电器的延时时间如何调节？JS7－A型时间继电器触点有哪几类？

2-4　交流电磁式继电器与直流电磁式继电器以什么来区分？

2-5　比较电磁式时间继电器、空气阻尼式时间继电器、电动式时间继电器与电子式时间继电器的工作原理、应用场合及优缺点。

2-6　一台三相异步电动机的启动和停止的要求是:当启动按钮按下后,电动机立即得电直接启动,并持续运行;当按下停止按钮后,需要等待20 s后电动机才会停止运行。请设计满足上述要求的主电路与控制线路图(电路需具有必要的保护措施)。

2-7　用继电接触器设计三台交流电机相隔3 s顺序启动同时停止的控制线路。

2-8　画出一台电动机启动后经过一段时间另一台电动机就能自行启动的控制电路。

2-9　画出两台电机能同时启动和同时停止,并能分别启动和分别停止的控制电路原理图。

2-10　某生产机械要求由M1、M2两台电动机拖动,M2能在M1启动一段时间后自行启动,但M1、M2可单独控制启动和停止。

2-11　设计一个小车运行的电路图,其动作程序如下:①小车由原位开始前进,到终端后自动停止;②在终端停留2 min后自动返回原位停止;③要求在前进或后退途中任意位置都能停止或再次启动。

项目三　C650 卧式典型车床电气控制线路

前面已经对常用控制电器与继电 – 接触器控制的基本环节进行了讨论和分析,它是电气控制线路的基本组成部分。实际生活中,机床的电气控制,不仅要求能够实现启动、制动、反转、调速等基本要求,还要保证机床各个运动的准确和协调,而且能够满足生产工艺提出的各种要求,具有各种保护装置,工作可靠,实现操作自动化等。本项目共包含 3 个子项目,将在前面基本电路的基础上,继续学习电动机的另外两种控制方式,最后对 C650 卧式车床这个典型控制线路做进一步的研究,分析机床控制线路的组成,进一步提高分析能力,读图能力、加深对基本控制电路的认识。

子项目一　三相异步电动机的制动控制线路

一、项目目标

(1)掌握电动机制动原理及制动种类。
(2)掌握速度继电器的作用及图形文字符号(重点)。
(3)掌握反接制动控制线路的工作原理(重点)。
(4)了解能耗制动控制线路的工作原理。

二、项目准备

(一)任务分析

三相异步电动机从切除电源到完全停止运转,由于惯性的关系,总要经过一段时间,这往往不能适应某些生产机械工艺的要求。如万能铣床、卧式镗床、电梯等,为提高生产效率及准确停位,要求电动机能迅速停车,对电动机进行制动控制。

什么是制动? 就是给电动机一个与转动方向相反的转矩,使它迅速停转(或限制其转速)。

制动方法一般有两大类:机械制动和电气制动。

依靠电气方式使电动机产生与旋转方向相反的制动转矩,从而使电动机迅速停转的方法叫电气制动。

电气制动常用的方法有反接制动、能耗制动、电容制动和再生发电制动等。

车床 C650 是采用反接制动的方式进行停车制动的,停止按钮按下后开始制动过程,当转速接近于零时,结束制动。

(二)相关知识

反接制动定义:依靠改变电动机定子绕组的电源相序来产生制动力矩,迫使电动机迅速停转的方法。

反接制动控制的工作原理:改变异步电动机定子绕组中的三相电源相序,使定子绕组产生方向相反的旋转磁场,从而产生制动转矩,实现制动。反接制动要求在电动机转速接近零时及时切断反相序的电源,以防止电动机反向启动。

　　反接制动过程:当想要停车时,首先将三相电源切换,然后当电动机转速接近零时,再将三相电源切除。控制线路就是要实现这一过程。

　　电动机正在正转时,如果把电源反接,电动机将由正转急速下降到零速。如果反接电源不及时切除,则电动机又要从零速反向启动运行。所以,必须在电动机制动到零速时,将反接电源切断,电动机才能真正停下来。控制线路是用速度继电器来"判断"电动机的停与转的。

(三)速度继电器

1.速度继电器

　　速度继电器是按照被控电动机转速的高低接通或断开控制电路的一种控制电器,是用来监测电动机的转速和转向的一种继电器,其主要作用是与接触器配合使用实现对电动机的反接制动,故又称为反接制动继电器。

2.速度继电器的组成

　　速度继电器由转子、定子和触点系统三大部分组成。电动机与速度继电器的转子是同轴连接在一起的,电动机转动时,速度继电器的常开触点闭合,电动机停止时常开触点断开。

3.速度继电器图文符号

　　速度继电器的图文符号如图 3-1 所示。

4.速度继电器的工作原理

　　当电动机正常转动,转速 $n > 120$ r/min 时,速度继电器的触点动作;当电动机停车,转速接近零时, $n \leqslant 120$ r/min 时,所有触点复位。

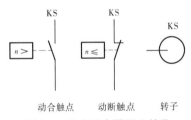

图 3-1　速度继电器图文符号

(四)反接制动控制线路分析

　　主电路中,接触器 KM1 的主触点用来提供电动机的工作电源,接触器 KM2 的主触点用来提供电动机停车时的制动电源。图 3-2(a)控制电路的工作原理:启动时,合上电源开关 QS,按下启动按钮 SB2,接触器 KM1 线圈通电吸合且自锁,KM1 主触点闭合,电动机启动运转。当电动机转速升高到一定数值时,速度继电器 KS 的常开触点闭合,为反接制动做准备。停车时,按下停止按钮 SB1,KM1 线圈断电释放,KM1 主触点断开电动机的工作电源;而接触器 KM2 线圈通电吸合 KM2 主触点闭合,串入电阻 R 进行反接制动,迫使电动机转速下降,当转速降至 100 r/min 以下时,KS 的常开触点复位断开,使 KM2 线圈断电释放,及时切断电动机的电源,防止了电动机的反向启动。

　　图 3-2(a)有这样一个问题:在停车期间,如果为了调整工件,需要用手转动机床主轴,速度继电器的转子也将随着转动,其常开触点闭合,KM2 通电动作,电动机接通电源产生制动作用,不利于调整工件。图 3-2(b)的反接制动线路解决了这个问题。控制线路中停止按钮采用了复合按钮 SB1,并在其常开触点上并联了 KM2 的常开触点,使 KM2 能自锁。这样在用手转动电动机时,虽然 KS 的常开触点闭合,但只要不按复合按钮 SB1,KM2 就不会通电,电动机也就不会反接于电源,只有按下 SB1,KM2 才能通电,制动电路才能接通。因电动机反接制动电流很大,故在主回路中串入电阻 R,可防止制动时电动机绕组过热。

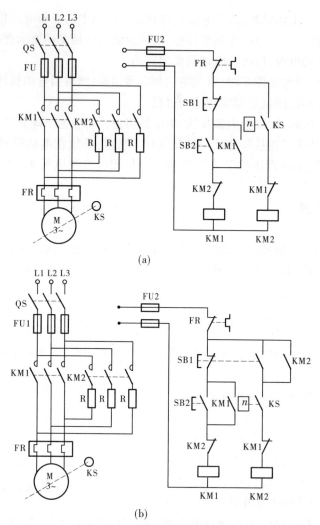

(a)

(b)

图 3-2　反接制动控制线路

三、项目实施

（一）根据电气原理图画出电气接线图

鉴于主电路几乎都是固定不变的，在此我们只画出控制电路的接线图，首先在原理图上标出各个节点，注意不要少标，也不要多标，具体如图 3-3 所示。

（二）拆分

根据自己所标注的号码把电路图拆分，同类的器件放在一起，以便于接线。拆分的结果如图 3-4 所示。

（三）接线

在接线板上摆好所需要的器件，如图 3-4 所示，把相同的数字连接在一起电路接线也就完成了。

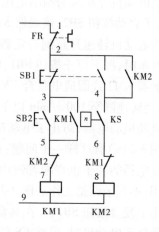

图 3-3　反接制动控制电路标号图

四、知识拓展:能耗制动控制线路

能耗制动控制的工作原理:在三相异步电动机停车切断三相交流电源的同时,将一直流电源引入定子绕组,产生静止磁场。电动机转子由于惯性仍沿原方向转动,则转子在静止磁场中切割磁力线,产生一个与惯性转动方向相反的电磁转矩,实现对转子的制动。

(一)单向运行能耗制动控制线路

1.按时间原则控制线路

图3-5所示为按时间原则控制的单向能耗制动控制线路。图中变压器 TC、整流装置 VC 提供直流电源。接触器 KM1 的主触点闭合接通三相电源,KM2 将直流电源接入电动机定子绕组。

控制电路的工作原理:按下启动按钮 SB2,接触器 KM1 通电吸合并自锁,其主触点闭合,电动机启动运行。停车时,采用时间继电器 KT 实现自

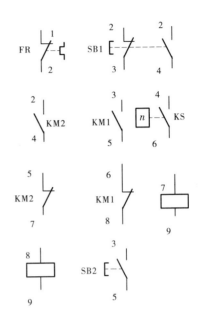

图 3-4　反接制动控制电路拆分图

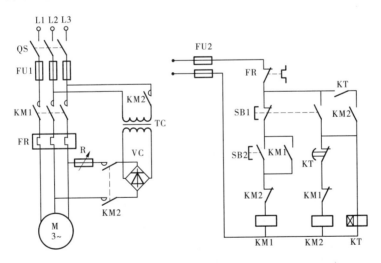

图 3-5　按时间原则控制的单向能耗制动控制线路

动控制,按下复合按钮 SB1,KM1 线圈失电,切断三相交流电源。同时,接触器 KM2 和 KT 的线圈通电并自锁,KM2 在主电路中的常开触点闭合,直流电源被引入定子绕组,电动机能耗制动,SB1 松开复位。制动结束后,由 KT 的延时常闭触点断开 KM2 的线圈回路。图3-5 中 KT 的瞬时常开触点的作用是为了考虑 KT 线圈断线或机械卡阻故障时,电动机在按下 SB1 后能迅速制动,两相的定子绕组不致长期接入能耗制动的直流电流,此时该线路具有手动控制能耗制动的能力,只要使 SB1 处于按下的状态,电动机就能实现能耗制动。能耗制动的制动转矩大小与通入直流电流的大小和电动机的转速 n 有关,同样转速,电流大,制动作用强。一般接入的直流电流为电动机空载电流的 3 ~ 5 倍,过大会烧坏电动机的定子绕

组。电路采用在直流电源回路中串接可调电阻的方法,调节制动电流的大小。能耗制动时制动转矩随电动机的惯性转速下降而减小,因而制动平稳。这种制动方法将转子惯性转动的机械能转换成电能,又消耗在转子的制动上,所以称为能耗制动。

2. 按速度原则控制线路

图 3-6 所示为按速度原则控制的单向能耗制动控制线路。该线路与图 3-5 所示控制线路基本相同,仅是在控制电路中取消了时间继电器 KT 的线圈及其触点电路,而在电动机转轴伸出端安装了速度继电器 KS,并且用 KS 的常开触点取代了 KT 延时常闭触点。这样,该线路中的电动机在刚刚脱离三相交流电源时,由于电动机转子的惯性速度仍很高,KS 的常开触点仍然处于闭合状态,所以接触器 KM2 线圈在按下按钮 SB1 后通电自锁。于是,两相定子绕组获得直流电源,电动机进入能耗制动。当电动机转子的惯性速度接近零时,KS 常开触点复位,KM2 线圈断电而释放,能耗制动结束。

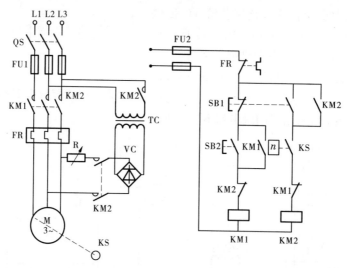

图 3-6　按速度原则控制的单向能耗制动控制线路

(二)可逆运行能耗制动控制线路

图 3-7 所示为电动机按时间原则控制可逆运行的能耗制动控制线路。KM1 为正转用接触器,KM2 为反转用接触器,KM3 为制动用接触器,SB2 为正向启动按钮,SB3 为反向启动按钮,SB1 为总停止按钮。在正向运转过程中,需要停止时,可按下 SB1,KM1 断电,KM3 和 KT 线圈通电并自锁,KM3 常闭触点断开并锁住电动机启动电路;KM3 常开主触点闭合,使直流电压加至定子绕组,电动机进行正向能耗制动,转速迅速下降,当其接近零时,KT 延时常闭触点断开 KM3 线圈电源,电动机正向能耗制动结束。由于 KM3 常开触点的复位,KT 线圈也随之失电。反向启动与反向能耗制动的过程与上述正向情况相同。电动机可逆运行能耗制动也可以按速度原则,用速度继电器取代时间继电器,同样能达到制动目的。

五、项目评价

1. 学生讨论

2. 总结

反接制动的优点:制动力强,制动迅速。

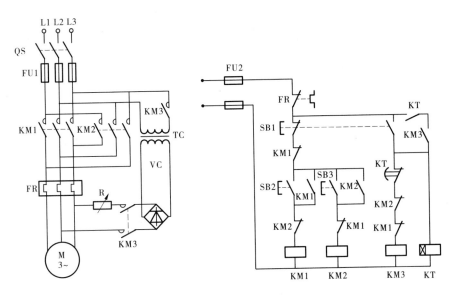

图 3-7　按时间原则控制可逆运行的能耗制动控制线路

反接制动的缺点:制动准确性差,制动过程中冲击强烈,易损坏传动零件,制动能量消耗大,不宜频繁工作。

适用场合:一般适用于制动要求迅速、系统惯性较大、不经常启动与制动的场合,如铣床、镗床、中型车床等主轴的制动控制。

3. 思考与练习

(1)改变三相异步电动机转向的方法有哪些?

(2)分析图 3-8 所示控制线路。

要求:①说明主电路中接触器的作用。

②分析控制电路,写出控制过程。

③写出电路中用到了哪些保护。

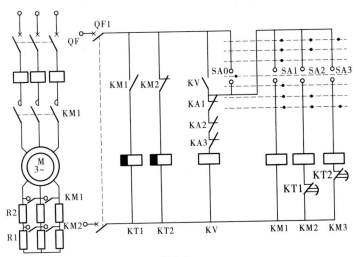

图 3-8

■ 子项目二　三相笼型异步电动机定子绕组串电阻降压启动

一、项目目标

（1）掌握三相笼型异步电动机降压启动的类型。

（2）掌握三相笼型异步电动机降压启动线路的工作原理及电气控制线路的操作方法。

二、项目准备

（一）任务分析

三相笼型异步电动机坚固耐用，结构简单，且价格便宜，在生产机械中应用十分广泛。

电动机的启动是指其转子由静止状态转为正常运转状态的过程。

笼型异步电动机有两种启动方式，即直接启动和降压启动。

直接启动又称为全压启动，即启动时电源电压全部施加在电动机定子绕组上。

降压启动即启动时将电源电压降低一定的数值后再施加到电动机定子绕组上，待电动机的转速接近同步转速后，再使电动机在电源电压下运行。

为什么要采用降压启动？电动机直接启动时启动电流很大，是额定值的 4～7 倍，过大的启动电流一方面会引起供电线路上很大的压降，影响线路上其他用电设备的正常运行，另一方面电动机的频繁启动会使线圈较严重发热，加速线圈老化，缩短电动机的寿命，因此对容量较大的电动机，采用降压启动，以减小启动电流。

常用的降压启动方式有定子电路串电阻降压启动、星形—三角形（Y—△）降压启动和自耦变压器降压启动。

（二）相关知识

电动机串电阻降压启动：电动机启动时，在三相定子绕组中串接电阻分压，使定子绕组上的压降降低，启动后再将电阻短接，电动机即可在全压下运行。

电动机串电阻降压启动的适用范围：这种启动方式不受接线方式的限制，设备简单，常用于中小型设备和限制机床点动调整时的启动电流。

电动机串电阻降压启动电路结构：图 3-9 给出了串电阻降压启动的控制线路。图中主电路由 KM1、KM2 两组接触器主触点构成串电阻接线和短接电阻接线，并由控制电路按时间原则实现从启动状态到正常工作状态的自动切换。

电动机串电阻降压启动控制电路的工作原理：按下启动按钮 SB2，接触器 KM1 通电吸合并自锁，时间继电器 KT 通电吸合，KM1 主触点闭合，电动机串电阻降压启动。经过 KT 的延时，其延时常开触点闭合，接通 KM2 的线圈回路，KM2 的主触点闭合，电动机短接电阻进入正常工作状态。电动机正常运行时，只要 KM2 得电即可，但图 3-9（a）在电动机启动后 KM1 和 KT 一直得电动作，这是不必要的。图 3-9（b）就解决了这个问题，KM2 得电后，其常闭触点将 KM1 及 KT 断电，KM2 自锁。这样，在电动机启动后，只要 KM2 得电，电动机便能正常运行。

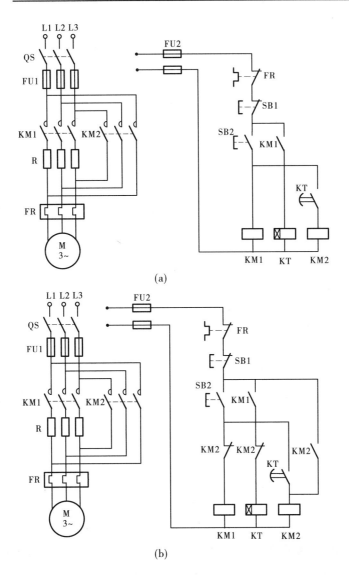

图 3-9　定子绕组串电阻降压启动控制线路

三、项目实施

(一) 画出电气接线图

根据电气原理图画出电气接线图,由于主电路几乎都是固定不变的,我们只画出控制电路的接线图,首先在原理图上标出各个节点,注意不要少标,也不要多标。具体如图 3-10 所示。

(二) 拆分

根据自己所标注的号码,把电路图拆分,同类的器件放在一起,以便于接线。拆分的结果如图 3-10 所示。

（三）接线

在接线板上摆好所需要的器件,如图 3-11 所示,把相同的数字连接在一起,电路接线也就完成了。

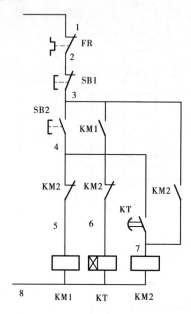

图 3-10　降压启动控制电路标号图

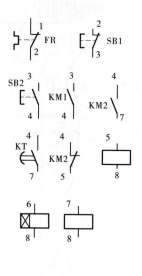

图 3-11　降压启动控制电路拆分图

四、知识拓展

（一）星形—三角形降压启动控制电路

正常运行时,定子绕组为三角形联结的笼型异步电动机,可采用星形—三角形降压启动方式来达到限制启动电流的目的。

启动时,定子绕组首先联结成星形,待转速上升到接近额定转速时,将定子绕组由星形联结成三角形,电动机便进入全压正常运行状态。

主电路由 3 个接触器进行控制,KM1、KM3 主触点闭合,将电动机绕组联结成星形;KM1、KM2 主触点闭合,将电动机绕组联结成三角形。控制电路中,用时间继电器来实现电动机绕组由星形向三角形联结的自动转换。图 3-12 给出了星形—三角形降压启动控制电路。

控制电路的工作原理:按下启动按钮 SB2,KM1 通电并自锁,接着时间继电器 KT、KM3 的线圈通电,KM1 与 KM3 的主触点闭合,将电动机绕组联结成星形,电动机降压启动。待电动机转速接近额定转速时,KT 延时完毕,其常闭触点动作断开,常开触点动作闭合,KM3 失电,KM3 的常闭触点复位,KM2 通电吸合,将电动机绕组联结成三角形,电动机进入全压运行状态。

（二）自耦变压器降压启动控制电路

在自耦变压器降压启动的控制电路中,电动机启动电流的限制,是依靠自耦变压器的降压作用来实现的。

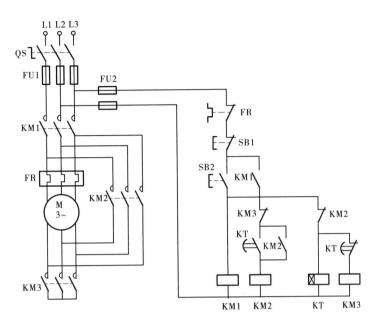

图3-12　星形—三角形降压启动控制电路

电动机启动的时候,定子绕组得到的电压是自耦变压器的二次电压。一旦启动结束,自耦变压器便被切除,额定电压通过接触器直接加于定子绕组,电动机进入全压运行的正常工作状态。

图3-13所示为自耦变压器降压启动的控制线路。KM1为降压接触器,KM2为正常运行接触器,KT为启动时间继电器。

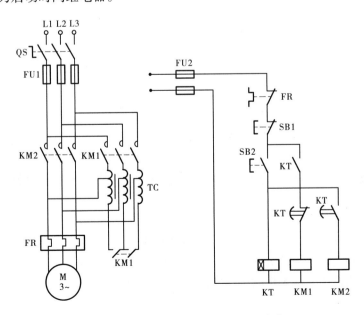

图3-13　自耦变压器降压启动控制线路

电路的工作原理:启动时,合上电源开关QS,按下启动按钮SB2,接触器KM1的线圈和时间继电器KT的线圈通电,KT瞬时动作的常开触点闭合,形成自锁,KM1主触点闭合,将电动机定子绕组经自耦变压器接至电源,这时自耦变压器联结成星形,电动机降压启动。KT 延时后,其延时常闭触点断开,使 KM1 线圈失电,KM1 主触点断开,从而将自耦变压器从电网上切除。而 KT 延时常开触点闭合,使 KM2 线圈通电,电动机直接接到电网上运行,从而完成了整个启动过程。

　　该电路的缺点是时间继电器一直通电,耗能多,且缩短了器件寿命,请读者自行分析并设计一断电延时的控制电路。自耦变压器减压启动方法适用于容量较大的、正常工作时联结成星形或三角形的电动机。其启动转矩可以通过改变自耦变压器抽头的连接位置得到改变。它的缺点是自耦变压器价格较贵,而且不允许频繁启动。

五、项目评价

　1.学生讨论
　2.总结
　(1)直接启动又称为全压启动。
　(2)对容量较大的电动机,采用降压启动,以减小启动电流。
　(3)常用的降压启动方式有定子电路串电阻降压启动、星形—三角形(Y—△)降压启动和自耦变压器降压启动。
　3.思考与练习
　(1)不属于笼型异步电动机降压启动方法的是(　　)启动。
　A.自耦变压器降压　　　　　　B.星形—三角形换接
　C.延边三角形　　　　　　　　D.在转子电路中串联变阻器
　(2)笼型异步电动机的延边三角形启动方法,是变更(　　)接法。
　A.电源相序　　　　　　　　　B.电动机端子
　C.电动机定子绕组　　　　　　D.电动机转子绕组
　(3)三相异步电动机在制动时,采用能耗制动,方法是(　　)。
　A.反接相线,反接三相电源直到电机停车
　B.反接相线,加入直流电源直到电机停车
　C.切断电源,在定子绕组加入单相电源直到停车然后断电
　D.切断电源,在定子绕组加入直流电源,然后转子转速接近零时断开直流电源

子项目三　C650 卧式车床的电气控制线路分析

一、项目目标

　(1)掌握三相异步电动机的降压启动和制动方法。
　(2)初步掌握机床的基本控制电路。
　(3)学会电气控制线路的设计方法。

二、项目准备

(一)任务分析

在各种金属切削机床中,车床占的比重最大,应用也最广泛。在车床上能完成车削外圆、内孔、端面、切槽、切断、螺纹及成形表面等加工工序,还可以通过安装钻头或铰刀等进行钻孔、铰孔等加工。

车床的种类很多,有卧式车床、落地车床、立式车床、转塔车床等,生产中以普通卧式车床应用最普遍,数量最多。在此以C650普通卧式车床为例进行电气控制线路分析,为机床或其他生产机械电气控制的设计、安装、调试、运行等打下基础。

1.C650普通卧式车床的主要结构及运动形式

C650卧式车床属于中型车床,可加工的最大工件回转直径为1 020 mm,最大工件长度为3 000 mm,机床的结构形式如图3-14所示,由主轴变速箱、挂轮箱、进给箱、溜板箱、尾座、滑板与刀架、光杠与丝杠等部件组成。车床有三种运动形式:主轴通过卡盘或顶尖带动工件的旋转运动,称为主运动;刀具与滑板一起随溜板箱实现进给运动;其他运动称为辅助运动。主轴的旋转运动由主轴电动机拖动,经传动机构实现。车削加工时,要求车床主轴能在较大范围内变速。通常根据被加工零件的材料性能、车刀材料、零件尺寸精度要求、加工方式及冷却条件等来选择切削速度,采用机械变速方法。对于卧式车床,调速比一般应大于70。为满足加工螺纹的需要,要求车床主轴具有正、反向旋转的功能。由于加工的工件比较大,其转动惯量也比较大,停车时必须采用电气制动,以提高生产效率。车床纵、横两个方向的进给运动是由主轴箱的输出轴,经挂轮箱、进给箱、光杠传入溜板箱而获得的,其运动方式有手动与机动控制两种。车床的辅助运动为溜板箱的快速移动、尾座的移动和工件的夹紧与放松。

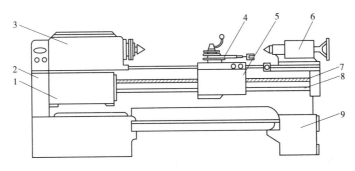

1—进给箱;2—挂轮箱;3—主轴变速箱;4—滑板与刀架;
5—溜板箱;6—尾座;7—丝杠;8—光杠;9—床身

图3-14　C650卧式车床的主要结构

2.C650普通卧式车床的电力拖动要求与控制特点

(1)车削加工近似于恒功率负载,主轴电动机M1通常选用笼型异步电动机,完成主轴主运动和刀具进给运动的驱动。电动机采用直接启动的方式,可正、反两个方向旋转,并可实现正、反两个旋转方向的电气停车制动。为加工调整方便,还具有点动功能。

(2)车削螺纹时,刀架移动与主轴旋转运动之间必须保持准确的比例关系,因此车床主轴运动和进给运动只由一台电动机拖动,刀架移动由主轴箱通过机械传动链来实现。

（3）为了提高生产效率、减轻工人劳动强度,拖板的快速移动由电动机 M3 单独拖动。根据使用需要,可随时手动控制启停。

（4）车削加工中,为防止刀具和工件的温度过高,延长刀具使用寿命,提高加工质量,车床附有一台单方向旋转的冷却泵电动机 M2,与主轴电动机实现顺序启停,也可单独操作。

（5）必要的保护环节、联锁环节、照明和信号电路。

（二）相关知识

电气控制线路分析的基本思路是"先机后电、先主后辅、化整为零、集零为整、统观全局、总结特点"。

在分析机床电气控制线路前,首先要了解机床的主要技术性能及机械传动、液压和气动的工作原理。弄清各电动机的安装部位、作用、规格和型号。初步熟悉各种电器的安装部位、作用以及各操纵手柄、开关、控制按钮的功能和操纵方法。注意了解与机床的机械、液压有直接联系的各种电器(如行程开关、撞块、压力继电器、电磁离合器、电磁铁等)的安装部位及作用。

分析电气控制线路时,要结合说明书或有关的技术资料将整个电气控制线路划分成若干部分逐一进行分析。例如,各电动机的启动、停止、变速、制动、保护及相互间的联锁等。在仔细阅读设备说明书,了解电气控制系统的总体结构、电动机电器的分布状况及控制要求等内容之后,便可以分析电气控制原理图了。电气控制原理图通常由主电路、控制电路、辅助电路、保护及联锁环节以及特殊控制电路等部分组成。分析控制电路的最基本方法是查线读图法。

1. 分析电气原理图的方法与步骤

（1）分析主电路。从主电路入手,根据每台电动机和执行电器的控制要求去分析各电动机和执行电器的控制内容,包括电动机启动、转向控制、调速和制动等基本控制电路。

（2）分析控制电路。根据主电路各个电动机和执行电器的控制要求,逐一找出控制电路中的控制环节,将控制电路"化整为零",按功能不同划分成若干个局部控制电路来进行分析。

（3）分析辅助电路。辅助电路包括执行元件的工作状态显示、电源显示、参数测定、照明和故障报警等部分。辅助电路中很多部分是由控制电路中的元器件来控制的,所以分析辅助电路时,还重新对照控制电路对这部分电路进行分析。

（4）分析联锁与保护环节。生产机械对安全性、可靠性有很高的要求,要实现这些要求,除合理地选择拖动、控制方案外,在控制电路中还设置了必要的电气联锁和一系列的电气保护。必须对电气联锁与电气保护环节在控制线路中的作用进行分析。

（5）分析特殊控制环节。在某些控制电路中,还设置了一些与主电路、控制电路关系不密切,相对独立的某些特殊环节,如产品计数装置、自动检测系统、晶闸管触发电路和自动调温装置等。这些部分往往自成一个小系统,其读图分析的方法可参照上述分析过程,并灵活运用所学过的电子技术、变流技术、自控系统、检测与转换等知识进行逐一分析。

（6）总体检查。经过"化整为零",逐步分析每一局部电路的工作原理以及各部分之间的控制关系后,还必须用"集零为整"的方法,全面检查整个控制电路,看是否有遗漏。特别要从整体角度进一步检查和理解各控制环节之间的联系,机电液的配合情况,了解电路图中每一个电气元器件的作用,熟悉其工作过程并了解其主要参数,由此可以对整个电路有清晰的理解。

2. 查线读图法的要点

查线读图法是分析继电 – 接触器控制电路的最基本方法。继电 – 接触器控制电路主要由信号元器件、控制元器件和执行元器件组成。用查线读图法阅读电气控制原理图时,一般先分析执行元器件的线路(主电路)。查看主电路有哪些控制元器件的触点及电气元器件等,根据它们大致判断被控制对象的性质和控制要求,然后根据主电路分析的结果所提供的线索及元器件触点的文字符号,在控制电路上查找有关的控制环节,结合元器件表和元器件动作位置图进行读图。控制电路的读图通常是由上而下或从左往右,读图时假想按下操作按钮,跟踪控制线路,观察有哪些电气元器件受控动作。再查看这些被控制元器件的触点又怎样控制另外一些控制元器件或执行元器件动作。如果有自动循环控制,则要观察执行元器件带动机械运动将使哪些信号元器件状态发生变化,并又引起哪些控制元器件状态发生变化。在读图过程中,特别要注意控制环节相互间的联系和制约关系,直至将电路图全部看懂。查线读图法的优点是直观性强,容易掌握。缺点是分析复杂电路时易出错。因此,在用查线读图法分析线路时,一定要认真细心。

三、项目实施

(一)主电路分析

图 3-15 所示为主电路中有三台电动机的驱动电路。隔离开关 QS 将三相电源引入,电动机主电路接线分为三部分,第一部分由正转控制交流接触器 KM1 和反转控制交流接触器 KM2 的两组主触点构成电动机的正、反转接线。第二部分为电流表 A 经电流互感器 TA 接在主电动机 M1 的动力回路上,以监视电动机工作时绕组的电流变化。为防止电流表被启动电流冲击损坏,利用一时间继电器 KT 的延时常闭触点,在启动的短时间内将电流表暂时短接。第三部分线路通过交流接触器 KM3 的主触点控制限流电阻 R 的接入和切除。在进行点动调整时,为防止连续的启动电流造成电动机过载,串入限流电阻 R,以保证电路设备正常工作。在电动机反接制动时,通常串入电阻 R 限流。速度继电器 KS 的速度检测部分与电动机的主轴同轴相连,在停车制动过程中,当主电动机转速为零时,其常开触点可将控制电路中反接制动相应电路切断,完成停车制动。电动机 M2 由交流接触器 KM4 的主触点控制其动力电路的接通与断开;电动机 M3 由交流接触器 KM5 控制。为保证主电路的正常运行,主电路中还设置了采用熔断器的短路保护环节和采用热继电器的电动机过载保护环节。

(二)控制电路分析

控制电路可划分为主电动机 M1 的控制电路和电动机 M2 与 M3 的控制电路两部分。下面对各部分控制电路逐一进行分析。

1. 主轴电动机正反向启动与点动控制

由图 3-15 可知,当压下正向启动按钮 SB3 时,其常开触点动作闭合,接通交流接触器 KM3 的线圈电路和时间继电器 KT 的线圈电路,KM3 的主触点将主电路中限流电阻 R 短接,其辅助常开触点同时将中间继电器 KA 的线圈电路接通,KA 的常闭触点将停车制动的基本电路切除,其常开触点与 SB2 的常开触点均在闭合状态,控制主电动机的交流接触器 KM1 的线圈电路得电工作,其主触点闭合,电动机正向直接启动。KT 的常闭触点在主电路

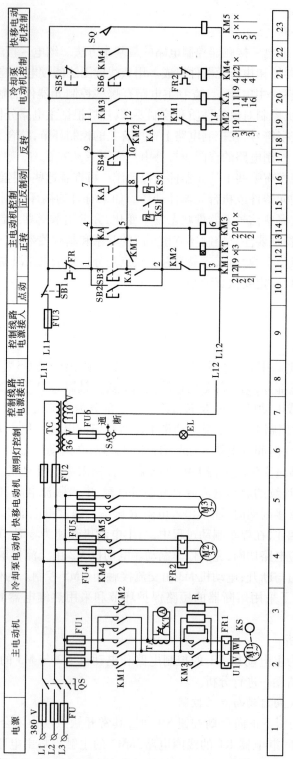

图 3-15 C650 普通卧式车床电气控制原理图

中短接电流表A,经延时断开后,电流表接入电路正常工作。启动结束后,进入正常运行状态。反向启动按钮为SB3,反向启动控制过程与正向启动控制过程类似。SB4为主轴电动机点动控制按钮,按下点动按钮SB4,直接接通KM1的线圈电路,电动机M正向直接启动。这时KM1线圈电路并没接通,限流电阻R接入主电路限流,其辅助常开触点不动作,KA线圈不能得电工作,从而使KM1线圈不能连续通电。松开按钮,M1停转,实现了主轴电动机串联电阻限流的点动控制。

2. 主轴电动机反接制动控制电路

C650卧式车床采用反接制动的方式进行停车制动。当电动机正向转动时,速度继电器KS的常开触点KS2闭合,制动电路处于制动准备状态。压下停车按钮SB1,切断控制电源,KM1、KM3、KA线圈均失电,其相关触点复位。而电动机由于惯性而继续运转,速度继电器的触点KS2仍闭合,与控制反接制动电路的KA常闭触点一起,在按钮SB1复位时接通接触器KM2的线圈电路,电动机M1主电路串入限流电阻R,进行反接制动,强迫电动机迅速停车。当电动机速度趋近于零时,速度继电器触点KS2复位断开,切断KM2的线圈电路,其相应的主触点复位,电动机断电,反接制动过程结束。

反接制动工作流程如图3-16所示。反转时的反接制动工作过程与停车制动时的反接制动工作过程相似,此时反转状态下,KS1触点闭合,制动时,接通接触器KM1的线圈电路,进行反接制动。

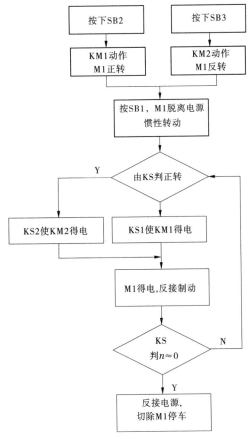

图3-16　C650反接制动工作流程

3. 刀架的快速移动和冷却泵电动机的控制

刀架快速移动是由转动刀架手柄压动位置开关 SQ,接通控制快速移动电动机 M3 的接触器 KM5 的线圈电路,KM5 的主触点闭合,M3 启动,经传动系统驱动溜板箱带动刀架快速移动。冷却泵电动机 M2 由启动按钮 SB6、停止按钮 SB5 控制接触器 KM4 线圈电路的通断,以实现电动机 M2 的控制。

四、知识拓展

(一)电气控制设计的主要内容

1. 电气控制线路设计的基本要求

(1)熟悉所设计设备电气线路的总体技术要求及工作过程,取得电气设计的基本依据,最大限度地满足生产机械和工艺对电气控制的要求。

(2)优化设计方案,妥善处理机械与电气的关系,通过技术经济分析,选用性能价格比最佳的电气设计方案。在满足要求的前提下,设计出简单、合理、技术先进、工作可靠、维修方便的电路。

(3)正确合理地选用电气元器件,尽可能减少元器件的品种和规格,降低生产成本。

(4)取得良好的 MTBF(平均无故障时间)指标,确保使用的安全可靠。

(5)设计中贯彻最新的国家标准。

2. 电气控制系统设计的基本内容

电气控制系统设计的基本任务是根据生产机械的控制要求,设计和完成电控装置在制造、使用和维护过程中所需的图样和资料。这些工作主要反映在电气原理和工艺设计中,具体来说,需完成下列设计项目:

(1)拟定电气设计技术任务书。

(2)提出电气控制原理性方案及总体框图(电控装置设计预期达到的主要技术指标、各种设计方案技术性能比较及实施可能性)。

(3)编写系统参数计算书。

(4)绘制电气原理图(总图及分图)。

(5)选择整个系统的电气元器件,提出专用元器件的技术指标并给出元器件明细表。

(6)绘制电控装置总装、部件、组件、单元装配图(元器件布置安装图)和接线图。

(7)标准构件选用与非标准构件设计(包括电控箱(柜)的结构与尺寸、散热器、导线、支架等)。

(8)绘制装置布置图、出线端子图和设备接线图。

(9)编写操作使用、维护说明书。

3. 电气控制设备的设计步骤

电气控制设备设计一般分为 3 个阶段:初步设计、技术设计和产品设计。

1)初步设计

初步设计是研究系统和电气控制装置的组成,拟定设计任务书并寻求最佳控制方案的初步阶段,以取得技术设计的依据。初步设计可由机械设计人员和电气设计人员共同提出,也可由机械设计人员提出有关机械结构资料和工艺要求,由电气设计人员完成初步设计。这些要求常常以工作循环图、执行元器件动作节拍表、检测元器件状态表等形式提供。在进行初步设计时应尽可能收集国内外同类产品的有关资料进行仔细的分析研究。

初步设计应确定以下内容:

(1)机械设备名称、用途、工艺过程、技术性能、传动参数及现场工作条件。

(2)用户供电电网的种类、电压、频率及容量。

(3)有关电气传动的基本特性,如运动部件的数量和用途,负载特性,调速指标,电动机启动、反向和制动要求等。

(4)有关电气动作的特性要求,如电气控制的基本方式、自动化程序、自动工作循环的组成、电气保护及联锁等。

(5)有关操作、显示方面的要求,如操作台的布置、测量显示、故障报警及照明等要求。

(6)电气自动控制的原理性方案及预期的主要技术性能指标。

(7)投资费用估算及技术经济指标。初步设计是一个呈报有关部门的总体方案设计报告,是进行技术设计和产品设计的依据。如果整体方案出错将直接导致整个设计的失败。因此,必须进行认真的可行性分析,并在可能实现的几种方案中根据技术、经济指标及现有的条件进行综合考虑,做出正确决策。

2)技术设计

在通过初步设计的基础上,技术设计需要完成的内容如下:

(1)对系统中某些关键环节和特殊环节做必要的实验,并写出实验研究报告。

(2)绘出电气控制系统的电气原理图。

(3)编写系统参数计算书。

(4)选择整个系统的元器件,提出专用元器件的技术指标,编制元器件明细表。

(5)编写技术设计说明书,介绍系统原理、主要技术指标以及有关运行维护条件和对施工安装的要求。

(6)绘制电控装置图、出线端子图等。

3)产品设计

产品设计是根据初步设计和技术设计最终完成的电气控制系统设备的工作图样。产品设计需要完成以下内容:

(1)绘制产品总装配图、部件装配图和零件图。

(2)绘制产品接线图。

(3)进行图样的标准化审核。

一般来说,电气控制装置的设计应按以上3个阶段进行,每个阶段中的某些内容可根据设计项目的具体情况有所调整。

(二)电力拖动方案的确定、电动机的选择

所谓电力拖动方案,是指根据生产机械的精度、工作效率、结构、运动部件的数量、运动要求、负载性质、调速要求以及投资额等条件去确定电动机的类型、数量、传动方式及拟定电动机的启动、运行、调速、转向、制动等控制要求。它是电气设计的主要内容之一,作为电气控制原理图设计及电气元器件选择的依据,是以后各部分设计内容的基础和先决条件。

1.确定拖动方式

1)单独拖动

单独拖动就是一台设备只由一台电动机拖动。

2）分立拖动

分立拖动是通过机械传动链将动力传送到每个工作机构,一台设备由多台电动机分别驱动各个工作机构。电气传动发展的趋向是电动机逐步接近工作机构,形成多台电动机的拖动方式,以缩短机械传动链,提高传动效率,便于实现自动化和简化总体结构。因而,在选择时应根据生产工艺及机械结构的具体情况决定电动机的数量。

2. 确定调速方案

不同的对象有不同的调速要求。为了达到一定的调速范围,可采用齿轮变速箱、液压调速装置、双速或多速电动机以及电气的无级调速传动方案。无级调速有直流调压调速、交流调压调速和变频变压调速。

目前,变频变压调速技术的使用越来越广泛,在选择调速方案时,可参考以下几点:

（1）重型或大型设备主运动及进给运动,应尽可能采用无级调速。这有利于简化机械结构,缩小设备体积,降低设备制造成本。

（2）精密机械设备如坐标镗床、精密磨床、数控机床以及某些精密机械手,为了保证加工精度和动作的准确性,便于自动控制,也应采用电气无级调速方案。

（3）一般中小型设备,如普通机床,没有特殊要求时,可选用经济、简单、可靠的三相笼型异步电动机,配以适当级数的齿轮变速箱。为了简化结构,扩大调速范围,也可采用双速或多速的笼型异步电动机。在选用三相笼型异步电动机的额定转速时,应满足工艺条件要求。

3. 电动机的选择和电动机的启动、制动及反向要求

1）电动机的选择

电动机的选择包括电动机的种类、结构形式、额定转速和额定功率。

（1）根据生产机械的调速要求选择电动机的种类和转速。首先,只要能满足生产需要,则都应采用异步电动机;仅在启动、制动和调速不满足要求时才选用直流电动机。随着电力电子及控制技术的发展,交流调速装置的性能和成本已能与直流调速装置相媲美,交流调速的应用范围越来越广泛。另外,在需要补偿电网功率因数及稳定工作时,应优先考虑采用同步电动机;在要求大的启动转矩和恒功率调速时,常选用直流串级电动机。

（2）根据工作环境选择电动机的结构。电动机的结构形式应当适应机械结构的要求。考虑到现场环境,可选用开启式、防护式、封闭式、防腐式甚至是防爆式电动机。

（3）根据生产机械的功率负载和转矩负载选择电动机的额定功率。首先,根据生产机械的功率负载图和转矩负载图预选一台电动机;然后根据负载进行发热校验,用检验的结果修正预选的电动机,直到电动机容量得到充分利用（电动机的稳定温升接近其额定温升）;最后校验其过载能力与启动转矩是否满足拖动要求。

2）电动机启动、制动和反向要求

一般来说,由电动机完成设备的启动、制动和反向要比机械方法简单容易。因此,机电设备主轴的启动、停止、正反转运动调整操作,只要条件允许最好由电动机完成。机械设备主运动传动系统的启动转矩一般都比较小。因此,原则上可采用任何一种启动方式。对于它的辅助运动,在启动时往往要克服较大的静转矩,必要时也可选用高启动转矩的电动机,或采用提高启动转矩的措施。另外,还要考虑电网容量。对电网容量不大而启动电流较大的电动机,一定要采用限制启动电流的措施,如串入电阻降压启动等,以免电网电压波动较大而造成事故。传动电动机是否需要制动,应视机电设备工作循环的长短而定。对于某些

高速高效金属切削机床,宜采用电动机制动。如果对于制动的性能无特殊要求而电动机又需要反转,则采用反接制动可使线路简化。在要求制动平稳、准确,即在制动过程中不允许有反转可能性时,则宜采用能耗制动方式。电动机的频繁启动、反向或制动会使过渡过程中的损耗增加,导致电动机过载。因此,在这种情况下,必须限制电动机的启动、制动电流,或者在选择电动机的类型上加以考虑。

（三）电气控制方案的确定及控制方式的选择

电力传动方案确定之后,传动电动机的类型、数量及其控制要求就基本确定了。采用什么方法去实现这些控制要求就是控制方式的选择问题了。也就是说,在考虑拖动方案时,实际上对电气控制的方案也同时进行了考虑,因为这两者具有密切的关系。只有通过这两种方案的相互实施,才能实现生产机械的工艺要求。目前,随着生产工艺要求的不断提高,生产设备的使用功能、动作程序、自动化程序也相应复杂了。另外,随着电气技术、电子技术、计算机技术、检测技术以及自动控制理论的迅速发展和机械结构、工艺水平的不断提高,生产机械电力拖动的控制方式已发生了深刻的变革,从传统的继电－接触器控制系统向可编程控制、数控装置、计算机控制以及计算机联网控制等方面发展,各种新型的工业控制器及标准系列控制系统不断出现,因而使电气控制方案有了较广的选择空间。由于电气控制方案的选择对机械结构和总体方案将产生很大的影响,因此如何使电气控制方案设计既能满足生产技术指标和可靠性安全性的要求,又能提高经济效益,是一个值得讨论的问题。

1. 电气控制方案的可靠性

一个系统或产品的质量,一般包括技术性能指标和可靠性指标,设计的可靠性就是使一个系统或产品设计满足可靠性指标。如果一个系统或产品的可靠性不在产品设计阶段进行考虑,没有一些具体的可靠性指标或者产品开发设计人员不懂得可靠性的设计方法,那么保证一个控制系统或产品的可靠性是困难的。需要确定采用何种控制方案时,应该根据实际情况,实事求是地进行设计,既要防止脱离现实的设计,也应避免陈旧保守的设计。要提高控制系统的可靠性,则应把控制系统的复杂性降至保持工作功能所需要的最低限度。也就是说,控制系统应该尽可能简单化,非工作所需的元器件及不必要的复杂结构尽量不用,否则会增加控制系统失效的概率。因此,必须利用可靠性设计的方法,来提高控制系统的可靠性。

2. 电气控制方案的确定

控制方案应与通用性和专用性的程序相适应。

一般的简单生产设备需要的控制元器件数很少,其工作程序往往是固定的,使用中一般不需经常改变原有程序,因此可采用有触点的继电－接触器控制系统。虽然该控制系统在电路结构上是呈"固定式"的,但它能控制较大的功率,而且控制方法简单,价格便宜,目前仍使用很广。对于在控制中需要进行模拟量处理及数学运算的,输入/输出信号多、控制要求复杂或控制要求经常变动的,控制系统要求体积小、动作频率高、响应时间快的,可根据情况采用可编程控制、计算机控制方案。在自动生产线中,可根据控制要求和联锁条件的复杂程度,采用分散控制或集中控制的方案。但各台单机的控制方案和基本控制环节应尽量一致,以简化设计及制造过程。

为满足生产工艺的某些要求,在电气控制方案中还应考虑下述方面的问题:采用自动循环或半自动循环、手动调整、工序变更、系统的检测、各个运动之间的联锁、各种安全保护、故障诊断、信号指标、照明及人机关系等。

（四）电气设计的一般原则

当电力拖动方案和控制方案确定后，就可以进行电气控制线路的设计。电气控制线路的设计是电力拖动方案和控制方案的具体化。电气控制线路的设计没有固定的方法和模式，作为设计人员，应开阔思路，不断总结经验，丰富自己的知识，设计出合理的、性能价格比高的电气线路。下面介绍在设计中应遵循的一般原则。

1. 应最大限度地实现生产机械和工艺对电气控制线路的要求

设计之前，首先要调查清楚生产要求。不同的场合对控制线路的要求有所不同，如一般控制线路只要求满足启动、反向和制动就可以了，有些则要求在一定范围内平滑调速和按规定的规律改变转速，出现事故时需要有必要的保护及信号预报以及各部分运动要求有一定的配合和联锁关系等。如果已经有类似设备，还应了解现有控制线路的特点以及操作者对它们的反映。这些都是在设计之前应该调查清楚的。另外，在科学技术飞速发展的今天，对电气控制线路的要求越来越高，而新的电气元器件和电气装置、新的控制方法层出不穷，如智能式的断路器、软启动器、变频器等，电气控制系统的先进性总是与电气元器件的不断发展、更新紧密地联系在一起的。电气控制线路的设计人员应不断密切关心电动机、电气技术、电子技术的新发展，不断收集新产品资料，更新自己的知识，以便及时应用于控制系统的设计中，使自己设计的电气控制线路更好地满足生产的要求，并在技术指标、稳定性、可靠性等方面进一步提高。

2. 控制线路应简单、经济

在满足生产要求的前提下，力求使控制线路简单、经济。

（1）控制线路应标准。尽量选用标准的、常用的或经过实际考验的线路和环节。

（2）控制线路应简短。设计控制线路时，尽量缩减连接导线的数量和长度。应考虑到各元器件之间的实际接线。特别要注意电气柜、操作台和限位开关之间的连接线。如图 3-17 所示为连接导线。图 3-17（a）是不合理的连线方法，图 3-17（b）是合理的连线方法。因为按钮在操作台上，而接触器在电气柜内，一般都将启动按钮和停止按钮直接连接，这样就可以减少一次引出线。

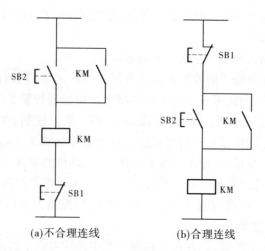

(a)不合理连线　　　　(b)合理连线

图 3-17　连接导线

（3）减少不必要的触点以简化线路。使用的触点越少，则控制线路出故障的机会就越低，工作的可靠性就越高。在简化、合并触点过程中，着眼点应放在同类性质触点的合并上，一个触点能完成的动作，不用两个触点。在简化过程中应注意触点的额定电流是否允许，也应考虑对其他回路的影响。图3-18中列举了一些触点简化与合并的例子。

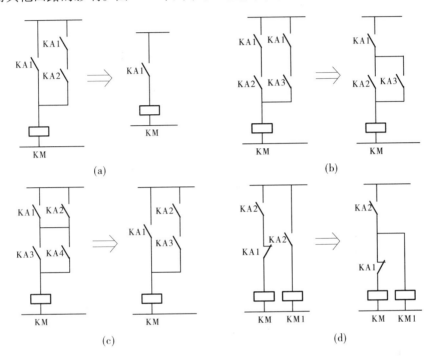

图3-18　触点简化与合并

（4）节约电能。控制线路在工作时，除必要的电器必须通电外，其余的电器尽量不通电，以节约电能。以异步电动机星形—三角形降压启动的控制线路为例，如图3-19所示。在电动机启动后，接触器 KM3 和时间继电器 KT 就失去了作用，可以在启动后利用 KM2 的常闭触点切除 KM3 和 KT 线圈的电源。

3.保证控制线路工作的可靠和安全

为了使控制线路可靠、安全，最主要的是选用可靠的元器件，如尽量选用机械和电气寿命长、结构坚实、动作可靠、抗干扰性能好的电器。同时在具体线路设计中应注意以下几点。

1）正确连接电器的线圈

交流电器线圈不能串联使用，如图3-20所示。即使外加电压是两个线圈的额定电压之和，也是不允许的。因为两个电器动作总是有先有后，有一个电器吸合动作，它的线圈上的电压降也相应增大，从而使另一个电器达不到所需要的动作电压。因此，两个电器需要同时动作时，其线圈应该并联连接。

2）应尽量避免电器依次动作的现象

在线路中应尽量避免许多电器依次动作才能接通另一个电器的现象。如图3-21（a）所示，接通线圈 KM3 要经过 KM、KM1 和 KM2 三对常开触点。若改为图3-21（b），则每个线圈通电只需经过一对触点，这样可靠性更高。

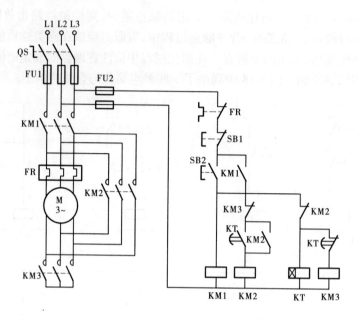

图 3-19　星形—三角形降压启动控制线路

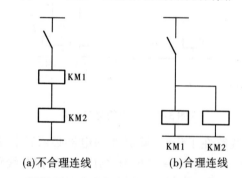

(a)不合理连线　　　　　　　(b)合理连线

图 3-20　交流电器线圈不能串联连接

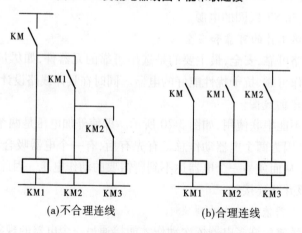

(a)不合理连线　　　　　　　(b)合理连线

图 3-21　减少多个电气元器件依次通电

3）避免出现寄生电路

在控制线路的设计中,要注意避免产生寄生电路(或称为假电路)。如图 3-22 所示是一个具有指示灯和热保护的电动机正、反转电路。在正常工作时,线路能完成正、反转启动、停止和信号指示,但当电动机过载、热继电器 FR 动作时,线路就出现了寄生电路,如图 3-22 虚线所示。这样使正向接触器 KM1 不能释放,起不到保护作用。

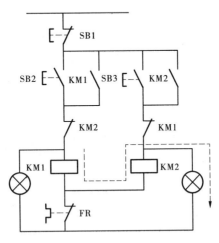

图 3-22　寄生电路的产生

4）避免发生触点"竞争"与"冒险"现象

在电气控制电路中,由于某一控制信号的作用,电路从一个状态转换到另一个状态时,常常有几个电器的状态发生变化。

由于电气元器件总有一定的固有动作时间,因此往往会发生不按预定时序动作的情况。触点争先吸合,发生振荡,这种现象称为电路的"竞争"。另外,由于电气元器件的固有释放延时作用,因此也会出现开关电器不按要求的逻辑功能转换状态的可能性,这种现象称为"冒险"。"竞争"与"冒险"现象都造成控制回路不能按要求动作,引起控制失灵,如图 3-23 所示。当 KA 闭合时,接触器 KM1、KM2 竞争吸合,只有经过多次振荡吸合"竞争"后,才能稳定在一个状态上。同样在 KA 断开时,KM1、KM2 又会争先断开,产生振荡。

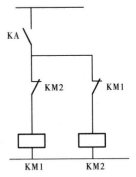

图 3-23　触点的
"竞争"与"冒险"

通常分析控制电路的电器动作及触点的接通和断开都是静态分析,没有考虑其动作时间。实际上,由于电磁线圈的电磁惯性、机械惯性等因素,通断过程中总存在一定的固有时间(几十毫秒到几百毫秒),这是电气元器件的固有特性。设计时要避免发生触点"竞争"与"冒险"现象,防止电路中因电气元器件固有特性引起配合不良的后果。

5）应考虑各种联锁关系

在频繁操作的可逆运行线路中,正、反向接触器之间不仅要有电气联锁,而且要有机械联锁。

(五)保护环节

电气控制系统除能满足生产机械的加工工艺要求外,要想长期正常、无故障地运行,还必须有各种保护措施。保护环节是所有机床电气控制系统不可缺少的组成部分,利用它来保护电动机、电网、电气控制设备以及人身安全等。电气控制系统中常用的保护环节有过载保护、短路保护、零电压和欠电压保护等。

1. 短路保护

短路保护常用的保护元器件有熔断器和自动空气开关。

熔断器的熔体串联在被保护的电路中,当电路发生短路或严重过载时,熔断器的熔丝自动熔断,或自动空气开关脱扣器感应脱扣,从而切断电路,达到保护的目的。自动空气开关又称自动空气断路器,有断路、过载和欠压保护作用。这种开关能在线路发生上述故障时快速地自动切断电源。它是低压配电装置重要的保护元件之一,常作低压配电盘的总电源开关及电动机变压器的合闸开关。当电动机容量较小时,控制线路不需另外设置熔断器作短路保护,因主电路的熔断器同时可作控制线路的短路保护;当电动机容量较大时,控制电路要单独设置熔断器作短路保护。断路器既可作短路保护,又可作过载保护。线路出故障,断路器跳闸,故障排除后,只要重新合上断路器即能重新工作。

2. 过载保护

过载保护常用的保护器件是热继电器。

电动机的负载突然增加、断相运行或电网电压降低都会引起电动机过载。电动机长期过载运行,绕组温升超过其允许值,电动机的绝缘材料就要变脆,寿命就会减少,严重时损害电动机。过载电流越大,达到允许温升的时间就越短。热继电器可以满足这样的要求:当电动机为额定电流时,电动机为额定温升,热继电器不动作;在过载电流较小时,热继电器要经过较长时间才动作,过载电流较大时,热继电器则经过较短时间就会动作。由于热惯性的影响,热继电器不会受电动机短时过载冲击电流或短路电流的影响而瞬时动作,所以在使用热继电器作过载保护的同时,还必须设有短路保护。

3. 过流保护

在直流电动机和交流绕线转子异步电动机启动或制动时,限流电阻被短接,将会造成很大的启动或制动电流。另外,负载的加大也会导致电流增加。过大的电流将会使电动机或机械设备损坏。因此,对直流电动机或绕线异步电动机常采用过流保护。过流保护常用电磁式过电流继电器实现。当电动机过流达到过电流继电器的动作值时,继电器动作,使串接在控制电路中的常闭触点断开,切断控制电路,电动机随之脱离电源并停转,达到过流保护的目的。一般过电流的动作值为启动电流的 1.2 倍。短路、过流、过载保护虽然都是电流保护,但由于故障电流、动作值及保护特性、保护要求和使用元器件的不同,它们之间是不能相互取代的。

4. 零电压与欠电压保护

当电动机正在运行时,如果电源电压因某种原因消失,那么在电源电压恢复时,电动机将自行启动,这就可能造成生产设备的损坏,甚至造成人身事故。防止电压恢复时电动机自行启动的保护称为零压保护。当电动机正常运转时,电源电压过分降低将引起一些电器释放,造成控制线路不正常工作,可能发生事故;电源电压过分降低也会引起电动机转速下降甚至停转。因此,需要在电源电压降到一定值以下时将电源切断,这就是欠压保护。一般常用零压保护继电器和欠电压继电器实现零压保护和欠压保护。在许多机床中不用控制开关操作,而是用按钮操作,利用按钮的自动恢复作用和接触器的自锁作用,可不必另加零压保护继电器了。当电源电压过低或断电时,接触器释放,此时接触器的主触点和辅助触点同时打开,使电动机电源切断并失去自锁。当电源电压恢复正常时,操作人员必须重新按下启动按钮,才能使电动机启动。所以,像这样带有自锁环节的电路本身已具备了零压保护环节。

【例3-1】　图3-24所示是电动机的常用保护线路,指出各电气元器件所起的保护作用。

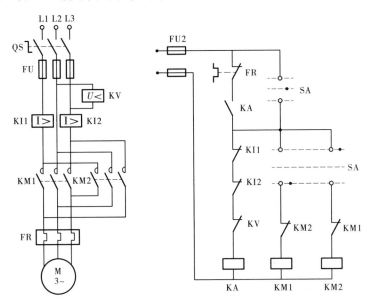

图3-24　电动机的常用保护线路

(六)电气控制系统的一般设计方法

电气控制线路的设计方法通常有两种。一种是一般设计法,也叫经验设计法。它是根据生产工艺要求,利用各种典型的线路环节,直接设计控制线路。它的特点是无固定的设计程序和设计模式,灵活性很大,主要靠经验进行。这种设计方法比较简单,但要求设计人员必须熟悉大量的控制线路,掌握多种典型线路的设计资料,同时具有丰富的设计经验。在设计过程中往往还要经过多次反复地修改、实验,才能使线路符合设计要求。即使这样,设计出来的线路也可能不是最简化线路,所用的电器及触点不一定是最少的,所得出的方案不一定是最佳方案。另一种是逻辑设计法,它根据生产工艺要求,利用逻辑代数来分析、设计线路。用这种方法设计的线路比较合理,特别适合完成较复杂的生产工艺所要求的控制线路。但是,相对而言,逻辑设计法难度较大,不易掌握。

一般设计法由于是靠经验进行设计的,因而灵活性很大,初步设计出来的线路可能是几个,这时要加以比较分析,甚至要通过实验加以验证,才能确定比较合理的设计方案。这种设计方法没有固定模式。通常先用一些典型线路环节拼凑起来实现某些基本要求,然后根据生产工艺要求逐步完善其功能,并添加适当的联锁与保护环节。前面已给出了基本的电气控制线路,讨论了基本的电气控制方法,展示了常用的典型控制电路。在此基础上,通过龙门刨床(或立车)横梁升降自动控制线路设计实例来说明电气控制线路的一般设计方法。

1.控制系统的工艺要求

现要设计一个龙门刨床的横梁升降控制系统。在龙门刨床(或立车)上装有横梁机构,刀架装在横梁上,用来加工工件。由于加工工件位置高低不同,要求横梁能沿立柱上下移动,而在加工过程中,横梁又需要夹紧在立柱上,不允许松动。因此,横梁机构对电气控制系统提出了如下要求:

(1)保证横梁能上下移动,夹紧机构能实现横梁的夹紧或放松。

(2)横梁夹紧与横梁移动之间必须有一定的操作程序。当横梁上下移动时,应能自动按照"放松横梁→横梁上下移动→夹紧横梁→夹紧电动机自动停止运行"的顺序动作。

(3)横梁在上升与下降时应有限位保护。

(4)横梁夹紧与横梁移动之间及正、反向运动之间应有必要的联锁。

2.电气控制线路设计步骤

1)设计主电路

根据工艺要求可知,横梁移动和横梁夹紧需用两台异步电动机(横梁升降电动机 M1 和夹紧放松电动机 M2)拖动。为了保证实现上下移动和夹紧放松的要求,电动机必须能实现正、反转,因此需要 4 个接触器 KM1、KM2、KM3、KM4 分别控制两个电动机的正、反转。那么,主电路就是两台电动机的正、反转电路。

2)设计基本控制电路

4 个接触器具有 4 个控制线圈,由于只能用两个点动按钮去控制上下移动和放松夹紧两个运动,按钮的触点不够,因此需要通过两个中间继电器 KA1 和 KA2 进行控制。根据上述要求,可以设计出图 3-25 所示的控制电路,但它还不能实现在横梁放松后自动向上或向下移动,也不能在横梁夹紧后使夹紧电动机自动停止。为了实现这两个自动控制要求,还需要作相应的改进,这需要恰当地选择控制过程中的变化参量来实现。

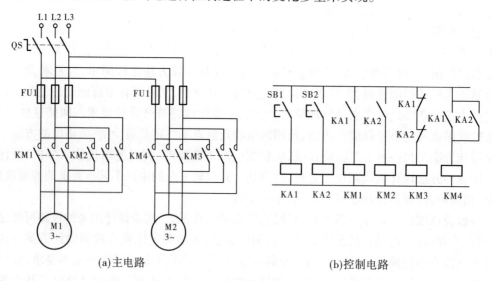

(a)主电路　　　　　　　　　　　　(b)控制电路

图 3-25　横梁控制电路

3)选择控制参量、确定控制方案

对于第一个自动控制要求,可选行程这个变化参量来反映横梁的放松程度,采用行程开关 SQ1 来控制,如图 3-26 所示。当按下向上移动按钮 SB1 时,中间继电器 KA1 通电,其常开触点闭合,KM4 通电,则夹紧电动机做放松运动;同时,其常闭触点断开,实现与夹紧和下移的联锁。当放松完毕,压块就会压合 SQ1,其常闭触点断开,接触器线圈 KM4 失电;同时 SQ1 常开触点闭合,接通向上移动接触器 KM1。这样,横梁放松以后,就会自动向上移动。向下的过程类似。对于第二个自动控制要求,即在横梁夹紧后使夹紧电动机自动停止,也需要选择一个变化参量来反映夹紧程度。可以用行程、时间和反映夹紧力的电流作为变化参量。如采用行程参量,当夹紧机构磨损后,测量会不精确;如采用时间参量,则更不易调整准确。因此,这里选用电流参量进行控制。图 3-26 中,在夹紧电动机夹紧方向的主电路中串联接入一个电流继电器 KA,其动作电流可整定在额定电流 2 倍左右。KI 的常闭触点应该串接在 KM3 接触器电路中。横梁移动停止后,如上升停止,行程开关 SQ2 的压块会压合,其常闭触点断开,KM3 通电,因此夹紧电动机立即自动启动。当启动电流达到 KA 的整定值时,KA 将动作,其常闭触点一旦断开,KM3 又断电,自动停止夹紧电动机的工作。

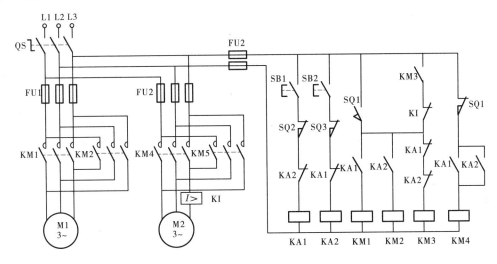

图 3-26 完整的横梁控制线路

4)设计联锁保护环节

设计联锁保护环节主要是将反映相互关联运动的电器触点串联或并联接入被联锁运动的相应电器电路中,这里采用 KA1 和 KA2 的常闭触点实现横梁移动电动机和夹紧电动机正、反转工作的联锁保护。横梁上下需要有限位保护,采用行程开关 SQ2 和 SQ3 分别实现向上和向下限位保护。例如,横梁上升到预定位置时,SQ2 压块就会压合,其常闭触点断开,KA1 断开,接触器 KM1 线圈断电,则横梁停止上升。SQ1 除反映放松信号外,还起到了横梁移动和横梁夹紧间的联锁控制作用。

5)线路的完善和校核

控制线路初步设计完毕后,可能还有不合理的地方,应仔细校核。特别应该对照生产要求再次分析设计线路是否能逐条予以实现,线路在误操作时是否会产生事故。

(七)电气控制线路的逻辑设计法

逻辑设计法是利用逻辑代数来实现电路设计的方法,即根据生产工艺要求,将执行元器件需要的工作信号以及主令电器的接通与断开状态看成逻辑变量,并根据控制要求将它们之间的关系用逻辑函数关系式来表达,然后运用逻辑函数基本公式和运算规律进行简化,使之成为需要的最简单的"与""或"关系式,根据最简式画出相应的电路结构图,最后再做进一步的检查和完善,即能获得需要的控制线路。

1. 电气控制线路的逻辑代数分析方法

逻辑代数又叫布尔代数、开关代数。

逻辑代数的变量都有"1"和"0"两种取值,"1"和"0"分别代表两种对立的、非此即彼的概念,如果"1"代表"真","0"即为"假";"1"代表"有","0"即为"无";"1"代表"高","0"即为"低"。在机械电气控制线路中的开关触点只有"闭合"和"断开"两种截然不同的状态;电路中的执行元件也只有"得电"和"失电"两种状态;在数字电路中某点的电平只有"高"和"低"两种状态等。随着科学技术的发展,逻辑代数已成为分析电路的重要数学工具。

1)电路的逻辑表示

电气控制系统由开关量构成控制时,电路状态与逻辑函数之间存在对应关系,为将电路状态用逻辑函数式的方式描述出来,通常对电器作出如下规定:

(1)用 KM、KA、SQ、…分别表示接触器、继电器、行程开关等电器的常开触点;$\overline{KM}$、$\overline{KA}$、$\overline{SQ}$、…表示常闭触点。

(2)触点闭合时,逻辑状态为"1",断开时逻辑状态为"0";线圈通电时为"1"状态,断电时为"0"状态。表达方式如下。

①线圈状态:KA =1,继电器线圈处于通电状态;KA =0,继电器线圈处于断电状态。

②触点处于非激励或非工作状态的原始状态:KA =0,继电器常开触点状态;KA =1,继电器常闭触点状态;SB =0,按钮常开触点状态;SB =1,按钮常闭触点状态。

③触点处于激励或工作状态:KA =1,继电器常开触点状态;KA =0,继电器常闭触点状态;SB =1,按钮常开触点状态;SB =0,按钮常闭触点状态。

2)基本逻辑运算

用逻辑函数来表达控制元器件的状态,实质是以触点的状态作为逻辑变量,通过逻辑与、逻辑或、逻辑非的基本运算,得出运算结果以表明控制线路的结构。逻辑函数的线路实现是非常方便的。

(1)逻辑与(触点串联):图 3-27(a)所示的串联电路就实现了逻辑与运算。逻辑与运算用符号"·"表示(也可省略)。接触器的状态就是其线圈 KM 的状态。如线路接通,即 KA1、KA2 都为 1 时,线圈 KM 通电,则 KM =1;如线路断开,即只要 KA1、KA2 有一个为 0,线圈 KM 就失电,则 KM =0。逻辑与的关系表达式为 KM = KA1 · KA2。

(2)逻辑或(触点并联):图 3-27(b)所示的并联电路就实现了逻辑或运算。逻辑或运算用符号"+"表示。只要 KA1、KA2 有一个为 1,则 KM =1;只有当 KA1、KA2 全为 0 时,KM =0。逻辑或关系的表达式为 KM = KA1 + KA2。

(3)逻辑非:图 3-27(c)所示的电路实现了 KA 常闭触点与接触器 KM 线圈串联的逻辑非电路。当 KA =1 时,常闭触点 KA 断开,则 KM =0;当 KA =0 时,常闭触点 KA 闭合,则 KM =1,逻辑非关系的表达式为 KM = $\overline{KA}$。

3)电路化简的逻辑法举例

图 3-28(a)的逻辑式为

$$f(KM) = KA1 \cdot KA2 + \overline{KA1} \cdot KA3 + KA2 \cdot KA3$$

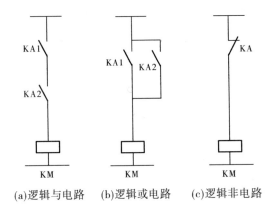

(a)逻辑与电路　(b)逻辑或电路　(c)逻辑非电路

图3-27　逻辑运算电路

函数化简得

$$f(KM) = KA1 \cdot KA2 + \overline{KA1} \cdot KA3 + KA2 \cdot KA3$$
$$= KA1 \cdot KA2 + \overline{KA1} \cdot KA3 + KA2 \cdot KA3(KA1 + \overline{KA1})$$
$$= KA1 \cdot KA2 + \overline{KA1} \cdot KA3 + KA2 \cdot KA3 \cdot KA1 + KA2 \cdot KA3 \cdot \overline{KA1}$$
$$= KA1 \cdot KA2 + \overline{KA1} \cdot KA3$$

因此,图3-28(a)化简后得到如图3-28(b)所示电路,并且图3-28(a)与图3-28(b)电路在功能上等效。

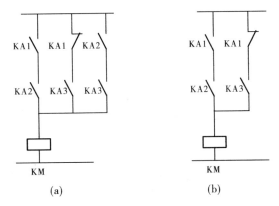

(a)　　　　　　　　　(b)

图3-28　两个相等函数的等效电路

4)逻辑设计法举例

【例3-2】　某电动机只有在继电器KA1、KA2和KA3中任何一个或任何两个继电器动作时才能运转,而在其他任何情况下都不运转,试设计其控制线路。

解:电动机的运转由接触器KM控制。根据题目的要求,列出接触器、继电器通电后动作状态表,如表3-1所示。

表 3-1　接触器、继电器通电后动作状态表

电器名称	继电器			接触器
电器代号	KA1	KA2	KA3	KM
动作状态	0	0	0	0
	0	0	1	1
	0	1	0	1
	0	1	1	1
	1	0	0	1
	1	0	1	1
	1	1	0	1
	1	1	1	0

根据动作状态表,接触器 KM 通电的逻辑函数式为

$$KM = \overline{KA1} \cdot \overline{KA2} \cdot KA3 + \overline{KA1} \cdot KA2 \cdot \overline{KA3} + \overline{KA1} \cdot KA2 \cdot KA3 +$$
$$KA1 \cdot \overline{KA2} \cdot \overline{KA3} + KA1 \cdot \overline{KA2} \cdot KA3 + KA1 \cdot KA2 \cdot \overline{KA3}$$

利用逻辑代数基本公式进行化简得

$$KM = \overline{KA1} \cdot KA3 + KA1 \cdot \overline{KA2}$$

根据简化了的逻辑函数关系式,可绘制如图 3-29 所示的电气控制线路。

五、项目评价

1. 学生讨论

2. 总结

(1)电气控制线路分析的基本思路是"先机后电、先主后辅、化整为零、集零为整、统观全局、总结特点"。

(2)用查线读图法阅读电气控制原理图时,一般先分析执行元器件的线路(主电路)。然后根据主电路和分析的结果所提供的线索及元器件触点的文字符号,在控制电路上查找有关的控制环节,结合元器件表和元器件动作位置图进行读图。

3. 思考与练习

(1)电气控制系统分析的任务是什么?分析哪些内容?应达到什么要求?

(2)从主电路的组成说明 C650 车床主电动机 M1 的工作状态和控制要求。

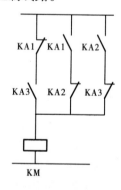

图 3-29　化简后的
电气控制线路

习 题

3-1　试用逻辑法设计如下控制电路:三台电动机启动时,M1 先启动,经 5 s 后 M2 自行启动,运行 20 s 后 M1 停止并同时使 M3 自行启动,再运行 30 s 后电动机全部停止。

3-2 C650 卧式车床电气控制具有哪些特点？

3-3 C650 卧式车床电气控制具有哪些保护？通过哪些低压电器实现的？

3-4 简述 C650 卧式车床电气控制线路中主轴电动机 M1 的点动控制过程。

3-5 简述 C650 卧式车床电气控制线路中主轴电动机 M1 的正、反转控制过程。

3-6 简述 C650 卧式车床电气控制线路中主轴电动机 M1 的正转的制动过程。

3-7 简述 C650 卧式车床电气控制线路中主轴电动机 M1 的反转的制动过程。

3-8 简述 C650 卧式车床电气控制线路冷却泵电动机 M2 的单向连续运行控制过程。

3-9 简述 C650 卧式车床电气控制线路快速移动电机 M3 的工作过程。

3-10 简述电气控制原理图分析的一般步骤。

项目四　认识 PLC

在电力拖动自动控制系统中,各种生产器械均由电动机来拖动。不同的生产器械,对电动机的控制要求也是不同的。在可编程控制器出现以前,继电器－接触器控制在工业控制领域占主导地位,这种控制方式能实现对电动机的启动、正反转、调速、制动等运行方式的控制,以满足生产工艺的要求,实现生产过程自动化。

下面以小型三相异步电动机的启停控制为例,说明继电器接触器装置和可编程控制器装置的控制特点。图 4-1(a)所示为三相异步电动机启停控制的主电路。图 4-1(b)和图 4-1(c)分别是电动机全压启动和延时启动的继电器－接触器控制电路图。

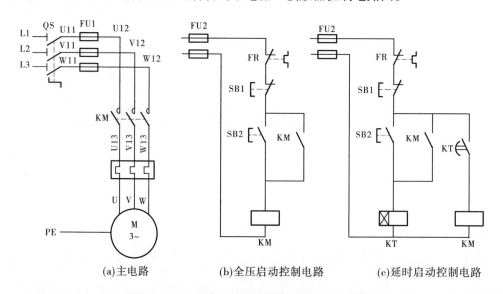

(a)主电路　　　　(b)全压启动控制电路　　　　(c)延时启动控制电路

图 4-1　三相异步电动机继电器－接触器控制电路

在图 4-1(b)中,三相异步电动机直接启动时,按下启动按钮 SB2,交流接触器 KM 线圈得电,其主触点闭合,电动机启动运行;按下停止按钮 SB1,KM 线圈失电,电动机停止。

在图 4-1(c)中,三相异步电动机需要延时启动,按下启动按钮 SB2,延时继电器 KT 得电并自保,延时一段时间后接触器 KM 线圈得电,其主触点闭合电动机启动运行;按下停止按钮 SB1,KM 线圈失电,电动机停止。与直接启动一样,两个简单的控制系统输入设备和输出设备相同,即都通过启动按钮 SB2 和停止按钮 SB1 控制接触器线圈 KM,但因控制要求发生了变化,控制系统必须重新设计,重新配线安装。

从上面例子可以看出继电器接触器控制系统按照具体的控制要求进行设计,采用硬件接线的方式安装而成。一旦控制要求改变,电气控制系统必须重新配线安装,上例只是两个简单的控制电路,已经比较麻烦了,对于复杂的控制系统,这种变动的工作量大、周期长,并且经济损失大。此外,大型的继电器控制电路接线更加复杂,体积庞大,再加上机械触点易损坏,因而系统的可靠性差,检修工作困难。

随着科技的进步、信息技术的发展,各种新型的控制器件和控制系统不断涌现。PLC(可编程控制器)就是一种在继电器控制和计算机控制的基础上开发出来的新型自动控制装置。采用可编程控制器对三相异步电动机进行直接启动和延时启动,工作将变得轻松愉快。

电气控制与 PLC 控制最主要的区别是什么? 采用可编程控制器进行控制,硬件接线更加简单清晰。主电路仍然不变,用户只需要将输入设备(如启动按钮 SB2、停止按钮 SB1、热继电器触点 FR)接到 PLC 的输入端口,输出设备(接触器线圈 KM)接到 PLC 的输出端口,再接上电源、输入软件程序就可以了。

如图 4-2 所示为用松下 FP0 可编程控制器控制电动机启停的硬件接线图和软件程序。直接启动和延时启动的硬件接线图完全相同,只是软件程序不同罢了。

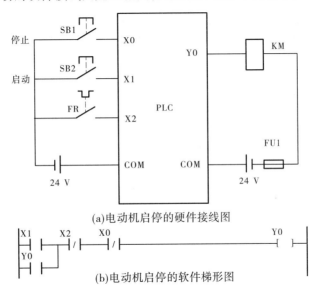

(a)电动机启停的硬件接线图

(b)电动机启停的软件梯形图

图 4-2 松下 FP0 可编程控制电动机启停的硬件接线图和软件程序

使用 PLC 控制的优点是什么? PLC 是通过用户程序实现逻辑控制的,这与继电器－接触器控制系统采用硬件接线实现逻辑控制的方式不同。PLC 的外部接线只起到信号传送的作用。因而,用户可在不改变硬件接线的情况下,通过修改程序来实现两种方式的电机启停控制。由此可见,采用可编程控制器进行控制通用灵活,极大地提高了工作效率。同时,可编程控制器还具有体积小、可靠性高、使用寿命长、编程方便等优点。

本项目介绍可编程控制器的发展历程、结构和工作原理,详细说明了可编程控制器的资源与编程语言、工作方式,最后对日本松下电工公司的 FP 系列 PLC 进行了简单的介绍。

一、可编程控制器的结构和工作原理

PLC 的产品型号很多,发展非常迅速,应用日益广泛,不同的产品在硬件结构、资源配置和指令系统等方面各不相同。但从总体来看,不同厂商的 PLC 在硬件结构和指令系统等方面大同小异。对于初学者而言,只要熟悉一种 PLC 的组成和指令系统,在涉及其他 PLC 时就可以做到触类旁通,举一反三。

（一）PLC 的发展历程

在工业生产过程中,大量的开关量顺序控制,它按照逻辑条件进行顺序动作,并按照逻辑关系进行联锁保护动作的控制,以及大量离散量的数据采集。传统上,这些功能是通过气动或电气控制系统来实现的。1968 年美国 GM(通用汽车)公司提出取代继电器控制装置的要求,第二年,美国数字公司研制出了基于集成电路和电子技术的控制装置,首次采用程序化的手段应用于电气控制,这就是第一代可编程序控制器,称 programmable controller(PC)。

个人计算机(简称 PC)发展起来后,为了方便,也为了反映可编程控制器的功能特点,可编程序控制器定名为 programmable logic controller(简称 PLC)。

20 世纪 80 年代至 90 年代中期,是 PLC 发展最快的时期,年增长率一直保持为 30% ~ 40%。在这时期,PLC 的处理模拟量能力、数字运算能力、人机接口能力和网络能力得到了大幅度提高,PLC 逐渐进入过程控制领域,在某些应用上取代了在过程控制领域处于统治地位的 DCS 系统。

PLC 具有通用性强、使用方便、适应面广、可靠性高、抗干扰能力强、编程简单等特点。PLC 在工业自动化控制特别是顺序控制中的地位,在可预见的将来,是无法取代的。

（二）可编程控制器的基本结构

PLC 从组成形式上一般分为整体式和模块式两种,但在逻辑结构上基本上相同。整体式 PLC 一般由 CPU 板、I/O 板、显示面板、内存和电源等组成,一般按 PLC 性能又分为若干型号,并按 I/O 点数分为若干规格。模块式 PLC 一般由 CPU(中央处理器)模块、I/O 模块、内存模块、电源模块、底板或机架等组成。无论哪种结构类型的 PLC,都属于总线式的开放结构,其 I/O 能力可根据用户需要进行扩展与组合。PLC 的组成如图 4-3 所示。

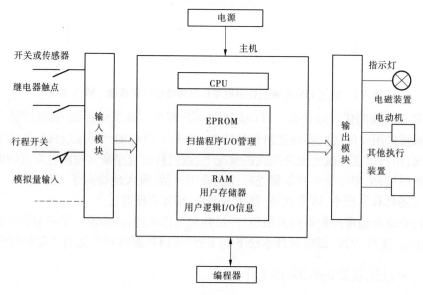

图 4-3　PLC 的组成

1. CPU

与通用计算机中的 CPU 一样,PLC 中 CPU 也是整个系统的核心部件,主要由运算器、控制器、寄存器及实现它们之间联系的地址总线、数据总线和控制总线构成。此外,还有外围芯片、总线接口及有关电路。CPU 在很大程度上决定了 PLC 的整体性能,如整个系统的控制规模、工作速度和内存容量等。

CPU 中的控制器控制 PLC 工作,由它读取指令,解释并执行指令。工作的时序(节奏)则由振荡信号控制。CPU 中的运算器用于完成算术或逻辑运算,在控制器的指挥下工作。

CPU 中的寄存器参与运算,并存储运算的中间结果。它也是在控制器的指挥下工作。作为 PLC 的核心,CPU 的功能主要包括以下几个方面:

(1) CPU 接收从编程器或计算机输入的程序和数据,并送入用户程序存储器中存储。

(2) 监视电源、PLC 内部各个单元电路的工作状态。

(3) 诊断编程过程中的语法错误,对用户程序进行编译。

(4) 在 PLC 进入运行状态后,从用户程序存储器中逐条读取指令,并分析、执行该指令。

(5) 采集由现场输入装置送来的数据,并存入指定的寄存器中。

(6) 按程序进行处理,根据运算结果,更新有关标志位的状态和输出状态或数据寄存器的内容。

(7) 根据输出状态或数据寄存器的有关内容,将结果送到输出接口。

(8) 响应中断和各种外围设备(如编程器、打印机等)的任务处理请求。

当 PLC 处于运行状态时,首先以扫描的方式接收现场各输入装置的状态和数据,并分别存入相应的输入缓冲区。然后从用户程序存储器中逐条读取用户程序,经过命令解释后,按指令的规定执行逻辑或数据运算,将运算结果送入相应的输出缓冲区或数据寄存器内。等所有的用户程序执行完毕之后,最后将 I/O 缓冲区的各输出状态或输出寄存器内的数据传送到相应的输出装置。如此循环运行,直到 PLC 处于编程状态,用户程序停止运行。

CPU 模块的外部表现就是具有工作状态的显示、各种接口及设定或控制开关。CPU 模块一般都有相应的状态指示灯,如电源指示、运行指示、输入/输出指示和故障指示等。箱体式 PLC 的面板上也有这些显示。总线接口用于连接 I/O 模块或特殊功能模块,内存接口用于安装存储器,外设接口用于连接编程器等外部设备,通信接口则用于通信。此外,CPU 模块上还有许多设定开关,用于对 PLC 进行设定,如设定工作方式和内存区等。为了进一步提高 PLC 的可靠性,近年来对大型 PLC 还采用双 CPU 构成冗余系统,或采用 3CPU 的表决式系统。这样,即使某个 CPU 出现故障,整个系统仍能正常运行。

2. 存储器

存储器(内存)主要用于存储程序及数据,是 PLC 不可缺少的组成单元。PLC 中的存储器一般包括系统程序存储器和用户程序存储器两部分。系统程序存储器用于存储整个系统的监控程序,一般采用只读存储器(read only memory, ROM),具有掉电不丢失信息的特性。用户程序存储器用于存储用户根据工艺要求或控制功能设计的控制程序,早期一般采用随机读写存储器(random access memory, RAM),需要后备电池在掉电后保存程序。目前则倾向于采用电可擦除的只读存储器(electrical erasable programmable read only memory, EEP-ROM 或 E^2PROM)或闪存(Flash Memory),免去了后备电池的麻烦。有些 PLC 的存储器容量固定,不能扩展,多数 PLC 则可以扩展存储器。

3. 输入/输出模块

输入模块和输出模块通常称为 I/O 模块或 I/O 单元。PLC 提供了各种工作电平、连接形式和驱动能力的 I/O 模块,有各种功能的 I/O 模块供用户选用,如电平转换、电气隔离、串/并行变换、开关量输入/输出、模数(A/D)和数模(D/A)转换以及其他功能模块等。按 I/O 点数确定模块的规格及数量,I/O 模块可多可少,但其最大数受 PLC 所能管理的配置能力,即底板或机架槽数的限制。

　　PLC 的对外功能主要是通过各种 I/O 接口模块与外界联系来实现的。输入模块和输出模块是 PLC 与现场 I/O 装置或设备之间的连接部件,起着 PLC 与外部设备之间传递信息的作用。I/O 模块分为开关量输入(digital input,DI)、开关量输出(digital output,DO)、模拟量输入(analog input,AI)和模拟量输出(analog output,AO)等模块。通常 I/O 模块上还有 I/O 接线端子排和状态显示,以便于连接和监视。I/O 模块既可通过底板总线与主控模块放在一起,构成一个系统,又可通过插座用电线引出远程放置,实现远程控制及联网。

　　开关量模块按电压水平分有 220 V AC、110 V AC、24 V DC 等规格;按隔离方式分有继电器输出、晶闸管输出和晶体管输出等类型。

　　模拟量模块按信号类型分有电流型(4～20 mA、0～20 mA)、电压型(0～10 V、0～5 V、-10～10 V)等规格;按精度分有 12 位、14 位、16 位等规格。

　　1)输入接口电路

　　连接到 PLC 输入接口的输入器件是各种开关、按钮、传感器等。按现场信号可以接纳的电源类型不同,常用的开关量输入接口按其使用的电源不同有三种类型:直流输入接口、交流输入接口和交/直流输入接口,其基本原理电路如图 4-4 所示。

　　2)输出接口电路

　　连接到 PLC 输出接口的输出器件是接触器线圈、电磁阀、信号灯等,各种输出接口按输出开关器件不同有三种类型:继电器输出、晶体管输出和双向晶闸管输出,其基本原理电路如图 4-5 所示。继电器输出接口可驱动交流或直流负载,但其响应时间长,动作频率低;而晶体管输出和双向晶闸管输出接口的响应速度快,动作频率高,但前者只能用于驱动直流负载,后者只能用于驱动交流负载。

　　PLC 的 I/O 接口所能接收的输入信号个数和输出信号个数称为 PLC 输入/输出(I/O)点数。I/O 点数是选择 PLC 的重要依据之一。当系统的 I/O 点数不够时,可通过 PLC 的 I/O 扩展接口对系统进行扩展。

　　4. 智能模块

　　除上述通用的 I/O 模块外,PLC 还提供了各种各样的特殊 I/O 模块,如热电阻、热电偶、高速计数器、位置控制、以太网、现场总线、远程 I/O 控制、温度控制、中断控制、声音输出、打印机等专用型或智能型的 I/O 模块,用以满足各种特殊功能的控制要求。I/O 模块的类型、品种与规格越多,系统的灵活性越高。模块的 I/O 容量越大,系统的适应性就越强。

　　5. 编程设备

　　常见的编程设备有简易手持编程器、智能图形编程器和基于 PC 的专用编程软件。编程设备用于输入和编辑用户程序,对系统作一些设定,监控 PLC 及 PLC 所控制的系统的工作状况。编程设备在 PLC 的应用系统设计与调试、监控运行和检查维护中是不可缺少的部件,但不直接参与现场的控制。

　　6. 电源

　　PLC 中不同的电路单元需要不同的工作电源,如 CPU 和 I/O 电路要采用不同的工作电

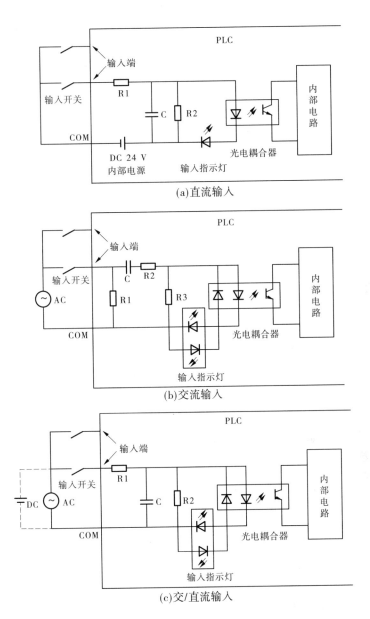

图 4-4　开关量输入接口

源。因此,电源在整个 PLC 系统中起着十分重要的作用。如果没有一个良好的、可靠的电源,系统是无法正常工作的。PLC 的制造商对电源的设计和制造十分重视。

　　PLC 一般都配有开关式稳压电源,用于给 PLC 的内部电路和各模块的集成电路提供工作电源。有些机型还向外提供 24 V 的直流电源,用于给外部输入信号或传感器供电,避免了由于电源污染或电源不合格而引起的问题,同时也减少了外部连线,方便了用户。有些 PLC 中的电源与 CPU 模块合二为一,有些是分开的。输入类型上有 220 V 或 110 V 的交流输入,也有 24 V 的直流输入。对于交流输入的 PLC,电源电压为 100 ~ 240 V AC。一般交流电压波动在 -15% ~ +10% 的范围内,可以不采取其他措施而将 PLC 直接连接到交流电网上去。对于直流输入的 PLC,电源的额定电压一般为 24 V DC。当电源在额定电压的

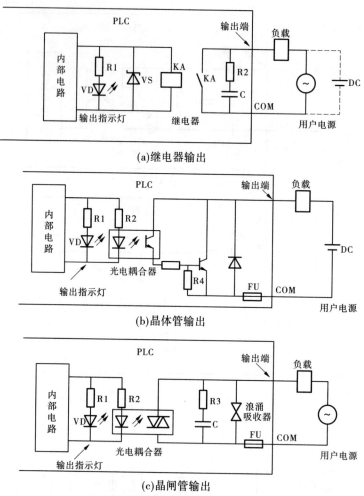

(a)继电器输出

(b)晶体管输出

(c)晶闸管输出

图 4-5　开关量输出接口

-15% ~ +10% 范围内波动时,PLC 都可以正常工作。

二、可编程控制器的资源与编程语言

(一)可编程控制器的软件资源

PLC 提供了各种类型的继电器,一般称为"软继电器",以供系统软件设计中编程使用。

常用的有输入继电器、输出继电器、内部继电器(分为通用和专用两种)、定时器、计数器、数据寄存器(分为通用和专用等类型)等。

这些编程用的继电器的工作线圈没有工作电压等级、功耗大小和电磁惯性等问题。其触点没有数量限制,没有机械磨损和电蚀等问题。在不同的指令操作下,其工作状态可以无记忆,也可以有记忆,还可以作脉冲数字元件使用。

1.输入继电器 X

PLC 的输入继电器是接收外部开关信号的窗口。PLC 内部与输入端子连接的输入继电器是用光电耦合器隔离的电子继电器,编号与接线端子编号一致,如图 4-6 所示。每一个输入继电器都有一个"等效线圈"和无数个常开/常闭触点。线圈的吸合或释放只取决于 PLC

外部所连接的开关信号的状态,而不能通过程序控制。内部的常开/常闭两种触点供编程时随时使用,使用次数不限。输入电路的时间常数一般小于 10 ms。

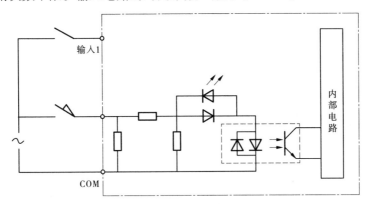

图 4-6　输入继电器内部原理图

2. 输出继电器 Y

PLC 的输出继电器是向外部负载输出信号的窗口,也是通过光电耦合器隔离后接外部负载的。输出继电器的线圈由程序控制,其外部输出主触点接到 PLC 的输出端子上,以供驱动外部负载使用,其余常开/常闭触点供内部程序使用。输出继电器的常开/常闭触点使用次数不限,但线圈一般只能用 1 次。

3. 内部继电器 R

PLC 中有很多内部继电器,其线圈与输出继电器一样,由 PLC 内各软元件的触点驱动。内部继电器没有向外的任何联系,只供内部编程使用。它的常开/常闭触点使用次数不受限制。但是,这些触点不能直接驱动外部负载,外部负载的驱动必须通过输出继电器来实现。内部继电器一般分为通用内部继电器和特殊内部继电器。

1) 通用内部继电器

PLC 中都有一定数量的通用内部继电器。这类继电器的触点和线圈在程序中都可以使用,但线圈一般只能用 1 次,而对应的常开触点和常闭触点则可以无限制地重复使用。

2) 特殊内部继电器

特殊内部继电器也叫专用内部继电器,每一个都有专门的用途,用来存储系统工作时的一些特定状态信息。这类继电器只能单个使用,而且只能使用触点,不能使用线圈。

不同的 PLC 其输入继电器、输出继电器和内部继电器的编址方式(即编号)不同,数量也不一样。在实际设计中,一定要明确其编址方式和数量。它们一般既可单个使用,也能以字节(由 8 个继电器组成)、字(由 16 个继电器组成)或双字(由 32 个继电器组成)的形式使用。

4. 定时器 TM

PLC 中的定时器根据时钟脉冲的累积计时。当所计时间达到设定值时,其输出触点动作。时钟脉冲一般有 1 ms、10 ms 和 100 ms,有些 PLC 还提供 1 s 的时钟,可以满足不同的应用需求。定时器可以采用用户程序存储器内的常数作为设定值,也可以用数据寄存器的内容作为设定值。

每个定时器只有一个输入。编程时,设定值由用户确定。与常规的时间继电器一样,线圈通电时,定时器的当前值开始减计数计时。在当前值计到 0 时,相应的常开/常闭触点都动作,常开的闭合,常闭的断开;断电时自动复位,所有的触点释放,不保存中间数值,当前值又变为设定值。需要注意的是,PLC 中的定时器没有常规的时间继电器一样的瞬动触点。

　　5. 计数器 CT

　　PLC 中的计数器一般是 16 位减法计数器,都有两个输入,一个用于计数,一个用于复位。每一个计数脉冲上升沿使原来的数值减 1。在当前值减到 0 时停止计数,同时触点动作,常开触点闭合,常闭触点断开。当复位控制信号的上升沿到来时,计数器被复位。复位信号断开后,计数器重新进入计数状态。与定时器不同的是,如果在计数过程中系统断电,计数器的当前值一般能自动保存下来。在系统上电重新运行时,计数器就接着断电时的参数值继续计数。

　　不同 PLC 的定时器和计数器的编址方式不同,具体工作特性和数量的多少也不一样。在实际设计中,一定要十分熟悉其编址方式、特性和数量。一个定时器或计数器的线圈一般只能使用一次,但其常开触点和常闭触点都没有使用次数的限制,在编程时可以重复使用。

　　6. 数据寄存器 D

　　数据寄存器不能使用线圈或触点,而是以字存储单元的形式使用,用于存放各种数据。PLC 中每一个数据寄存器都是一个字存储单元,都是 16 位(最高位为正、负符号位),也可用两个数据寄存器组合起来存储 32 位数据(最高位为正、负符号位)。不同的 PLC 提供的数据寄存器的种类、数量不同,编址方式也不一样。数据寄存器一般分为通用和专用两种。

　　1)通用数据寄存器

　　通用数据寄存器用于存放各种数据,只要不写入其他数据,已写入的数据不会变化。默认状态下各个单元的数据均为 0。

　　2)专用数据寄存器

　　专用数据寄存器也叫特殊数据寄存器。与专用内部继电器类似,每一个都有专门的用途。这类存储单元只能以字的形式使用。

　　上文对 PLC 的继电器资源作了简要的介绍,具体的应用在后续项目中再结合相应的 PLC 产品和指令详细讨论。实际上,对于任意一种 PLC,不论是为了学习还是实际使用,熟练掌握其所提供的继电器的种类、数量和各自的特性都非常重要。这是学习和使用 PLC 的重要基础,是学习指令系统的前提条件,所以一定要熟练掌握这一部分的知识点。

　　(二)可编程控制器的编程语言

　　PLC 是一种专门为工业控制而设计的计算机,具体控制功能的实现也是通过开发人员设计的程序来完成的。所以,采用 PLC 进行控制就涉及用相应的程序设计语言来完成编程的任务。

　　PLC 存在的主要缺点在于 PLC 的软件和硬件体系结构是封闭的而不是开放的。绝大多数的 PLC 是专用总线、专用通信网及协议。编程虽然都可采用梯形图,但不同公司的 PLC 产品在寻址、语法结构等方面不一致,使各种 PLC 互不兼容。国际电工委员会(IEC)在 1992 年颁布了可编程控制器的编程软件标准 IEC1131—3,为各 PLC 厂家编程的标准化铺平了道路。开发以 PC 为基础,在 Windows 平台下,符合 IEC1131—3 国际标准的新一代开放体系结构的 PLC 正在规划中。

国际电工委员会制定的5种标准编程语言如下：

（1）梯形图（ladder diagram，LD）：适合于逻辑控制的程序设计。

（2）指令表（instruction list，IL）：适合于简单文本的程序设计。

（3）顺序功能图（sequential function chart，SFC）：适合于时序混合型的多进程复杂控制。

（4）功能块图（function block diagram，FBD）：适合于典型固定复杂算法控制，如PID调节等。

（5）结构化文本（structured text，ST）：适合于自编专用的复杂程序，如特殊的模型算法。

1. 梯形图

梯形图语言是PLC中应用程序设计的一种标准语言，也是在实际设计中最常用的一种语言。因与继电器电路很相似，具有直观易懂的特点，很容易被熟悉继电器控制的电气人员掌握，特别适合于数字逻辑控制，但不适于编写控制功能复杂的大型程序。

梯形图是一种图形化的编程语言，沿用了传统的电气控制原理图中的继电器触点、线圈、串联和并联等术语，梯形图由触点、线圈和指令框等图形符号构成。

左右的竖线称为左右母线，在程序中，最左边是主信号流，信号流总是从左向右流动的。

触点代表逻辑输入条件，线圈代表逻辑运算结果，指令框用来表示定时器、计数器或数学运算等功能指令。

梯形图中的触点只有常开和常闭两种，触点可以是PLC外部开关连接的输入继电器的触点，也可以是PLC内部继电器的触点或内部定时器、计数器等的触点。梯形图中的触点可以任意串、并联，但线圈只能并联，不能串联。内部继电器、定时器、计数器、寄存器等均不能直接控制外部负载，只能作为中间结果供CPU内部使用。

PLC是按循环扫描的方式处理控制任务，沿梯形图先后顺序执行。在同一扫描周期中的结果存储在输出状态暂存器中，所以输出点的值在用户程序中可以当作条件使用。

图4-7所示为继电器控制电路与PLC梯形图控制的比较。

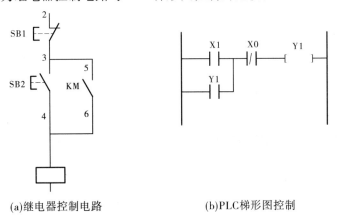

(a)继电器控制电路　　　　　　　(b)PLC梯形图控制

图4-7　继电器控制电路与PLC梯形图控制的比较

2. 指令表（语句表）

指令表是一种类似于计算机汇编语言的一种文本编程语言，即用特定的助记符来表示某种逻辑运算关系。一般由多条语句组成一个程序段。指令表适合于经验丰富的程序员使用,可以实现某些梯形图不易实现的功能。

3. 顺序功能图

顺序功能图也是一种图形化的编程语言,用来编写顺序控制的程序(如机械手控制程序)。在进行程序设计时,工艺过程被划分为若干个顺序出现的步,每步中包括控制输出的动作,从一步到另一步的转换由转换条件来控制,特别适合于生产制造过程。

4. 功能块图

功能块图使用类似于布尔代数的图形逻辑符号来表示控制逻辑,一些复杂的功能用指令框表示,适合于有数字电路基础的编程人员使用。功能块图采用类似于数字电路中逻辑门的形式来表示逻辑运算关系。一般一个运算框表示一个功能。运算框的左侧为逻辑运算的输入变量,右侧为输出变量。输入、输出端的小圆圈表示"非"运算,方框用"导线"连在一起。

5. 结构化文本

结构化文本是为 IEC61131—3 标准创建的一种 PLC 专用的高级语言。与梯形图相比,易于实现复杂的数学运算,编写的程序非常简洁和紧凑。

前面对 PLC 的基本情况作了一般性的介绍。由于没有结合具体的 PLC 产品进行说明,因此有些地方可能还难以形成完整而具体的认识,如内部的继电器资源等内容。但从学习和使用的角度来说,一般要从以下三个方面来考虑:

(1)必须熟悉 PLC 的内部继电器资源。这是进行系统程序设计的前提和基础。针对特定型号的 PLC,一定要搞清楚其内部继电器的类型、数量、编号范围和相关特性。只有熟悉了这部分内容,在程序设计中才能合理地进行资源分配,从而编写出高水平的应用程序。由于一般的 PLC 教材和参考资料只介绍一些常用的资源,内容不够全面,必要的时候可查看相应的 PLC 用户手册。

(2)必须熟悉 PLC 的指令系统。指令是进行 PLC 程序设计的基本语言工具,是系统控制功能的具体体现。只有熟练掌握了 PLC 的指令系统,在进行程序设计时才能做到灵活应用。当然,采用 PLC 进行控制系统设计的工程技术人员首先要熟悉生产流程、被控设备的特性和控制要求,然后结合指令系统才能设计出高质量的程序。

(3)必须熟悉 PLC 的输入和输出电路特性及外部输入/输出设备与 PLC 的输入/输出继电器的连接方法。不同的 PLC 对输入和输出的信号要求不一样,如输入信号分直流和交流,输出则有继电器输出、晶体管输出和晶闸管输出等不同类型。在实际设计中,应该注意输入/输出电路的动作特点、电压、负载电流等参数。这些内容一般可以在 PLC 的硬件安装手册中查到。

(三)可编程控制器的工作原理

PLC 在本质上是一台微型计算机,其工作原理与普通计算机类似,具有计算机的许多特点。但其工作方式却与计算机有较大的不同,具有一定的特殊性。

早期的 PLC 主要用于替代传统的继电器－接触器构成的控制装置,但是这两者的运行方式不同。

继电器控制装置采用硬逻辑并行运行的方式,如果一个继电器的线圈通电或断电,该继电器的所有触点(常开/常闭触点)不论在控制线路的哪个位置,都会立即同时动作。

而 PLC 采用了一种不同于一般计算机的运行方式,即循环扫描的工作方式。PLC 在工作时逐条顺序地扫描用户程序。如果一个线圈接通或断开,该线圈的所有触点不会立即动作,必须等扫描到该触点时才会动作。

　　为了消除二者之间由于运行方式不同而造成的这种差异,必须考虑到继电器控制装置中各类触点的动作时间一般在 100 ms 以上,而 PLC 扫描用户程序的时间一般均小于100 ms。

　　计算机一般采用等待输入、响应处理的工作方式,没有输入时就一直等待输入,如有键盘操作或鼠标等 I/O 信号的触发,则由计算机的操作系统进行处理,转入相应的程序。一旦该程序执行结束,又进入等待输入的状态。而 PLC 对 I/O 操作、数据处理等则采用循环扫描的工作方式。

(四)可编程控制器的工作过程

　　当 PLC 投入运行后,在系统监控程序的控制下,其工作过程一般主要包括三个阶段,即输入采样、用户程序执行和输出刷新阶段。完成上述三个阶段称作一个扫描周期(见图 4-8)。在整个运行期间,PLC 的 CPU 以一定的扫描速度重复执行这三个阶段。

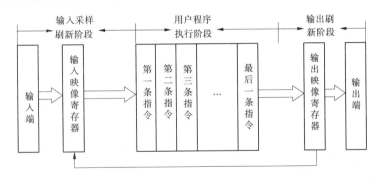

图 4-8　可编程控制器的工作过程

　　1. 输入采样阶段

　　在输入采样阶段,PLC 以扫描方式依次地读入所有输入的状态和数据,并将它们存入I/O 缓冲区中相应的单元内。输入采样结束后,系统转入用户程序执行和输出刷新阶段。在这两个阶段中,即使外部的输入状态和数据发生变化,输入缓冲区中的相应单元的状态和数据也不会改变。因此,如果输入是脉冲信号,则该脉冲信号的宽度必须大于一个扫描周期,才能保证在任何情况下,输入信号均被有效采集。

　　2. 用户程序执行阶段

　　在用户程序执行阶段,PLC 总是按由上而下的顺序依次地扫描用户程序。在扫描每一条指令时,又总是按先左后右、先上后下的顺序进行逻辑运算,然后根据逻辑运算的结果,刷新该继电器在系统 RAM 存储区中对应位的状态,或者刷新该继电器在 I/O 缓冲区中对应位的状态,或者确定是否要执行该指令所规定的特殊功能操作。因此,在用户程序执行过程中,只有输入继电器在 I/O 缓冲区内的状态和数据不会发生变化,而输出继电器和其他软元件在 I/O 缓冲区或系统 RAM 存储区内的状态和数据都有可能发生变化,并且排在上面的指令,其程序执行结果会对排在下面的凡是用到这些线圈或数据的指令起作用。相反,排在下面的指令,其被刷新的线圈的状态或数据只能到下一个扫描周期才能对排在其上面的程序起作用。

3. 输出刷新阶段

在用户程序扫描结束后,PLC 就进入输出刷新阶段。在此期间,CPU 按照输出缓冲区中对应的状态和数据刷新所有的输出锁存电路,再经输出电路驱动相应的外部设备。这时才是 PLC 的真正输出。

三、FP 系列 PLC 简介

日本松下电工公司的 FP 系列 PLC 可以说是可编程控制器市场上的后起之秀,被称为"一匹黑马"。主要有 FP1、FP – M、FP – X 和 FP0。FP – M 是板式结构的 PLC,可镶嵌在控制机箱内。其指令系统与硬件配置均与 FP1 兼容。FP0 是超小型 PLC,超小型尺寸,具有世界上最小的安装面积,宽 25 mm × 高 90 mm × 长 60 mm。轻松扩展,扩展单元可直接连接到控制单元上,不需任何电缆,拥有广泛的应用领域,是近几年开发的新产品,虽然松下电工的产品进入中国市场较晚,但由于其设计上有不少独到之处,所以一经推出,就备受用户关注。其产品特点可以归纳为以下几点。

(1)丰富的指令系统。

在 FP 系列 PLC 中,即使是小型机,也具有近 200 条指令。除能实现一般逻辑控制外,还可进行运动控制、复杂数据处理,甚至可直接控制变频器实现电动机调速控制。中、大型机还加入了过程控制和模糊控制指令。而且其各种类型的 PLC 产品的指令系统都具有向上兼容性,便于应用程序的移植。

(2)快速的 CPU 处理速度。

FP 系列 PLC 各种机型的 CPU 速度均优于同类产品,小型机尤为突出。如 FP1 型 PLC 的 CPU 的处理速度为 1.6 ms/千步,超小型机 FP0 的处理速度为 0.9 ms/千步。而大型机中由于使用了采用 RISC 结构设计的 CPU 芯片,其处理速度就更快。

(3)大程序容量。

FP 系列机的用户程序容量也较同类机型大,其小型机一般都可以达 3 千步左右,最高可达到 5 千步,而其大型机最高可达 60 千步。

(4)功能强大的编程工具。

FP 系列 PLC 无论采用的是手持编程器还是编程工具软件,编程及监控功能都很强。FP – II 型手持编程器还有用户程序转存功能。编程软件除已汉化的 DOS 版 NPST – GR 外,还推出了 Windows 版的 FPSOFT,最新版的 FPWIN – GR 也已进入市场。这些工具都为用户的软件开发提供了方便环境。

(5)强大的网络通信功能。

FP 系列机的各种机型都提供了通信功能,而且它们采用的应用层通信协议又具有一致性,这为构成多级 PLC 网络,开发 PLC 网络应用程序提供了方便。松下电工提供了多达 6 种的 PLC 网络产品,在同一子网中集成了几种通信方式,用户可根据需要选用。尽管这些网络产品的数据链路层和物理层各不相同,但都保持了应用层的一致性。特别值得一提的是,在它的 PLC 最高层的管理网络采用了包含 TCP/IP 技术的 Ethernet 网,可通过它连接到计算机互联网上,这反映了工业局域网标准化的另一种趋势,也使它的产品具有更广阔的应用前景。

下面主要介绍 FP0 这种产品。

（一）FP0 的产品及性能简介

FP0 产品体积小巧但功能十分强大,它增加了许多大型机的功能和指令,如 PID 指令和 PWM(脉宽调制)输出功能。PID 指令可进行过程控制,FWM 脉冲可直接控制变频器。它的编程口为 RS – 232 口,可直接和 PC 机相连,无需适配器。其 CPU 速度比 FP1 快了近 1 倍。

1. FP0 的外形结构及特点

FP0 机型小巧精致,其外形结构如图 4-9 所示。其外形尺寸为高 90 mm,长 60 mm,一个控制单元只有 25 mm 宽,甚至 I/O 扩充至 128 点。总宽度也只有 105 mm,超小型的外形设计打破了以往人们对小型 PLC 的看法。其安装面积在同类产品中也是最小的,所以 FP0 可安装在小型机器、设备及越来越小的控制板上。下面简述其特点。

1)品种规格

产品型号以字母 C 开头的为主控单位(或称主机),以字母 E 开头的为扩展单元(或称扩展机),后面跟的数字代表 I/O 点数。FP0 主控单元有 C10 ~ C32 多种规格,扩展模块也有 E8 ~ E32 多种规格。表 4-1 列出了 FP0 的主要产品规格类型。其型号中后缀为 R、T、P 三种,它们的含义是:R 是继电器输出型,T 是 NPN 型晶体管输出型,P 是 PNP 型晶体管输出型。

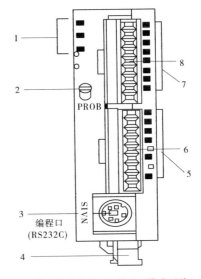

1—状态指示发光二极管;2—模式开关;
3—编程口;4—电源连接器;
5—输出指示发光二极管;6—输出端子(9 端);
7—输入指示发光二极管;8—输入端子(9 端)
图 4-9　FP0 主机外形结构图

FP0 可单台使用,也可多模块组合,最多可增加 3 个扩展模块。I/O 点从最小 10 点至最大 128 点,用户可根据自己的需要选取合适的组合。FP0 机型可实现轻松扩展,扩展单元不需要任何电缆即可直接连接到主控单元上。

2)运行速度

FP0 的运行速度在同类产品中是最快的,每个基本指令执行速度为 0.9 μs。500 步的程序只需 0.5 ms 的扫描时间。还可读取短至 50 μs 的窄脉冲,即 FP0 有脉冲捕捉功能。

3)程序容量

FP0 具有 5 000 步的大容量内存及大容量的数据寄存器,可用于复杂控制及大数据量处理。

4)特殊功能

FP0 具备两路脉冲输出功能,可单独进行运动位置控制,互不干扰。具备双相、双通道高速计数功能。同时拥有双相双频高速计数功能。此外,FP0 具备 PWM(脉宽调制)输出功能。利用它可以很容易地实现温度控制。而且该 PWM 脉冲还可用来直接驱动松下电工微型变频器 VF0,构成小功率变频调速系统。

表 4-1　FP0 产品规格

系列	规格						部件号
	程序容量	I/O 点	连接方法	操作电压	输入类型	输出类型	
FP0 - C10	2.7 千步	10 输入:6 输出:4	端子型	24 V DC	24 V DC Sink/source	继电器	FP0 - C10RS
			MOLEX 连接器型	24 V DC	24 V DC Sink/source	继电器	FP0 - C10RM
FP0 - C14	2.7 千步	14 输入:8 输出:6	端子型	24 V DC	24 V DC Sink/source	继电器	FP0 - C14RS
			MIL 连接器型	24 V DC	24 V DC Sink/source	继电器	FP0 - C14RM
FP0 - C16	2.7 千步	16 输入:8 输出:8	MIL 连接器型	24 V DC	24 V DC Sink/source	晶体管 (NPN)	FP0 - C16T
			MIL 连接器型	24 V DC	24 V DC Sink/source	晶体管 (PNP)	FP0 - C16P
FP0 - C32	5 千步	32 输入:16 输出:16	MIL 连接器型	24 V DC	24 V DC Sink/source	晶体管 (NPN)	FP0 - C32T
			MIL 连接器型	24 V DC	24 V DC Sink/source	晶体管 (PNP)	FP0 - C32P

（控制单元）

系列	规格					部件号
	I/O 点数	连接方法	操作电压	输入类型	输出类型	
FP0 - E8	8 输入:4 输出:4	端子型	24 V DC	24 V DC Sink/source	继电器	FP0 - E8RS
		MOLEX 连接器型	24 V DC	24 V DC Sink/source	继电器	FP0 - E8RM
FP0 - E16	16 输入:8 输出:8	端子型	24 V DC	24 V DC Sink/source	继电器	FP0 - E16RS
		MOLEX 连接器型	24 V DC	24 V DC Sink/source	继电器	FP0 - E16RM
		MIL 连接器型	—	24 V DC Sink/source	晶体管 (NPN)	FP0 - E16T
		MIL 连接器型	—	24 V DC Sink/source	晶体管 (PNP)	FP0 - E16P
FP0 - E32	32 输入:16 输出:16	MIL 连接器型	—	24 V DC Sink/source	晶体管 (NPN)	FP0 - E32T
		MIL 连接器型	—	24 V DC Sink/source	晶体管 (PNP)	FP0 - E32P

（扩展单元）

5）通信功能

FP0 可经 RS－232 口直接连接调制解调器,通信时若选用"调制解调器"通信方式,则 FP0 可使用 AT 命令自动拨号,实现远程通信。如果使用 C－NET 通信单元,还可以将多个 FP0 单元连接在一起构成分布式控制网络。

松下电工的各种编程工具软件适用于任何 FP 系列可编程控制器,所以也可以用于 FP0。而且,由于 FP0 的编程工具接口是 RS232C,所以连接个人电脑仅需一根电缆,不需适配器。

6）其他性能

FP0 维护简单。程序内存使用 EEPROM,无需备用电池。此外,FP0 还增加了程序运行过程的重写功能。

2. FP0 的技术性能

FP0 的技术性能见表4-2。

表 4-2　FP0 的技术性能

项目		继电器输出型		晶体管输出型	
		C10RS/C10RM	C14RS/C14RM	C16T/C16P	C32T/C32P
编程方法/控制方法		继电器符号/循环操作			
可控 I/O 点	仅主控单元	总数 10 （输入:6） （输出:4）	总数 14 （输入:8） （输出:6）	总数 16 （输入:8） （输出:8）	总数 32 （输入:16） （输出:16）
	带扩展单元	最多 58	最多 62	最多 112	最多 128
程序存储器		内置 EEPROM（没有电池）			
程序容量		2 720 步		5 000 步	
指令种类	基本	83			
	高级	111			
指令执行速度		0.9 μs/步（基本指令）			
操作存储器点数	继电器	外部输入继电器（X）	208 点（X0 ~ X12F）		
		外部输出继电器（Y）	208 点（Y0 ~ Y12F）		
		内部继电器（R）	1 008 点（R0 ~ R62F）		
		专用内部继电器（R）	64 点（R9000 ~ R903F）		
		定时器/计数器（T/C）	总共 144 个,初始设置为 100 个定时器（TM0 ~ 99）,44 个计数器（CT100 ~ 143）。定时时钟可选:1 ms、10 ms、100 ms、1 s		
	存储器区	数据存储器（DT）	1 660 字 （DT0 ~ DT1659）	6 144 字 （DT0 ~ DT6143）	
		专用数据存储器（DT）	112 字（DT9000 ~ DT9111）		
		变址存储器（IX,IY）	2 字		
微分点（DF,DF/）		无限多点			
主控点数（MCR）		32 点			

续表 4-2

项目	继电器输出型		晶体管输出型	
	C10RS/C10RM	C14RS/C14RM	C16T/C16P	C32T/C32P
标点数（JMP，LOOP）	64 点			
步进级数	128 阶			
子程序数	16 个			
中断程序数	7 个			

特殊功能	脉冲捕捉输入	总共 6 个点(X0 ~ X5)			
	中断输入				
	周期输入	0.5 ms ~ 30 s 间隔			
	定时扫描	有			
	自我诊断功能	如看门狗定时器，程序检查			
	存储器备份	程序、系统寄存器及保持类型数据内部继电器、数据寄存器和计数器由内配 EEPROM 备份			

特殊功能	高速计数器功能		继电器输出型		晶体管输出型	
			C10RS/10RM	C14RS/14RM	C16T/C16P	C32T/C32P
		计时器模式	加或减（单用）		双相/单个/方向判断（双相）	
		输入点数	最多四通道		最多两个通道（通道 0 和通道 2）	
		最高计数器速度	对全部四个通道最大 10 kHz		对全部二通道最大 2 kHz	
		所用的输入点数	X0、X1、X2、X3、X4、X5		X0、X1、X2、X3、X4、X5	
		最小输入脉冲宽度	X0、X1、…、50 μs <10 kHz > X3、X4、…、100 μs <5 kHz >			
		脉冲输出功能	—		输出点数为 Y0 和 Y1， 频率为 10 ~ 40 Hz	
		PWM 输出功能	—		输出点数为 Y0 和 Y1， 频率为 0.15 ~ 38 Hz	

（二）FP0 的内部寄存器及 I/O 配置

在使用 PLC 之前最重要的是先了解 PLC 的内部寄存器及 I/O 配置情况。内部寄存器分为通用寄存器和特殊寄存器两种，表 4-3 为 FP0 的通用内部寄存器 I/O 配置情况，表 4-4 为 PF0 的特殊内部寄存器（继电器）一览表，表 4-5 是 FP0 I/O 地址分配情况一览表。

表 4-3　FP0 的通用内部寄存器 I/O 配置情况一览

符号	编号	功能
X	X0 ~ X12F	输入寄存器
Y	Y0 ~ Y12F	输出寄存器
R	R0 ~ R62F	内部通用寄存器(继电器)
	R9000 ~ R903F	特殊寄存器(继电器)
T	T0 ~ T99	定时器
C	C100 ~ C143	计数器
WX	WX0 ~ WX12	"字"输入寄存器
WY	WY0 ~ WY12	"字"输出寄存器
WR	WR0 ~ WR62	通用"字"寄存器
DT	DT0 ~ DT1659(C10 ~ C16)	通用数据寄存器
	DT0 ~ DT6143(C32)	专用数据寄存器
SV	SV0 ~ SV143	设定值寄存器
EV	EV0 ~ EV143	经过值寄存器
IX	1 个	索引寄存器
IY	1 个	索引寄存器
K	K32767 ~ K32768	十进制常数寄存器
H	H0 ~ HFFFF	十六进制常数寄存器

表 4-4　FP0 的特殊内部寄存器(继电器)一览表

位地址	名称	说明
R9000	自诊断标志	错误发生时:ON 正常时:OFF 结果被存放于 DT9000
R9004	I/O 校验异常标志	检测到 I/O 校验异常时:ON
R9007	运算错误标志(保持型)	运算错误发生时:ON 错误发生地址被存放于 DT9017
R9008	运算错误标志(适用型)	运算错误发生时:ON 错误发生地址被存放于 DT9018

续表 4-4

位地址	名称	说明
R9009	CY:进位标志	有运算进行时:ON 或由移位指令设定
R900A	>标志	比较结果为大于时:ON
R900B	=标志	比较结果为等于时:ON
R900C	<标志	比较结果为小于时:ON
R900D	辅助定时器	执行 F137 指令,当设定值递减为 0 时:ON
R900E	RS422 异常标志	发生异常时:ON
R900F	扫描周期常数异常标志	发生异常时:ON
R9010	常 ON 继电器	常闭
R9011	常 OFF 继电器	常开
R9012	扫描脉冲继电器	每次扫描交替开闭
R9013	运行初期 ON 脉冲继电器	只在第一个扫描周期闭合, 从第二个扫描周期开始断开并保持
R9014	运行初期 OFF 脉冲继电器	只在第一个扫描周期断开, 从第二个扫描周期开始闭合并保持
R9015	步行初期 ON 脉冲继电器	仅在开始执行步进指令(SSTP) 的第一个扫描周期闭合,其余时间断开并保持
R9018	0.01 s 时钟脉冲继电器	以 0.01 s 为周期重复通/断动作,占空比 1:1
R9019	0.02 s 时钟脉冲继电器	以 0.02 s 为周期重复通/断动作,占空比 1:1
R901A	0.1 s 时钟脉冲继电器	以 0.1 s 为周期重复通/断动作,占空比 1:1
R901B	0.2 s 时钟脉冲继电器	以 0.2 s 为周期重复通/断动作,占空比 1:1
R901C	1 s 时钟脉冲继电器	以 1 s 为周期重复通/断动作,占空比 1:1
R901D	2 s 时钟脉冲继电器	以 2 s 为周期重复通/断动作,占空比 1:1
R901E	1 min 时钟脉冲继电器	以 1 min 为周期重复通/断动作,占空比 1:1
R9020	RUN 模式标志	RUN 模式时:ON　PROG 模式时:OFF
R9026	信息显示标志	当 F149(MSG)指令执行时:ON
R9027	遥控模式标志	当 PLC 工作方式转为"REMOTE"时:ON
R9029	强制标志	在强制 I/O 点通断操作期间:ON
R902A	外部中断许可标志	在允许外部中断时:ON
R902B	中断异常标志	当中断发生异常时:ON
R9032	选择 RS-232 口标志	通过系统寄存器设置为使用串联通信时:ON

续表 4-4

位地址	名称	说明
R9033	打印指令执行标志	F147(PR)指令执行过程中:ON
R9034	RUN 中程序编辑标志	在 RUN 模式下,执行写入、插入、删除时:ON
R9037	RS - 232C 传输错误标志	传输错误发生时:ON 错误码被存放于 DT9095
R9038	RS - 232C 接收完毕标志	执行串联通信指令 F144(TRNS) 接收完毕时:ON 接收时:OFF
R9039	RS - 232C 传送完毕标志	执行串联通信指令 F144(TRNS) 传送完毕时:ON 传送请求时:OFF
R903A	高速计数器(CH0)控制标志	当高速计数器被 F166 ~ F170 指令控制时:ON
R903B	高速计数器(CH1)控制标志	当高速计数器被 F166 ~ F170 指令控制时:ON
R903C	高速计数器(CH2)控制标志	当高速计数器被 F166 ~ F170 指令控制时:ON
R903D	高速计数器(CH3)控制标志	当高速计数器被 F166 ~ F170 指令控制时:ON

表 4-5 FP0 I/O 地址分配情况一览表

品种		输入编号	输出编号
控制单元	C10RS/C10RM	X0 ~ X5	Y0 ~ Y3
	C14RS/C14RM	X0 ~ X7	Y0 ~ Y5
	C16RS/C16RM	X0 ~ X7	Y0 ~ Y7
	C32T/C32P	X0 ~ XF	Y0 ~ YF
扩展单元	第一扩展		
	E8R	X20 ~ X23	Y20 ~ Y23
	E16R/E16T/E16P	X20 ~ X27	Y20 ~ Y27
	E32T/E32P	X20 ~ X2F	Y20 ~ Y2F
	第二扩展		
	E8R	X40 ~ X43	Y40 ~ Y43
	E16R/E16T/E16P	X40 ~ X47	Y40 ~ Y47
	E32T/E32P	X40 ~ X4F	Y40 ~ Y4F
	第三扩展		
	E8R	X60 ~ X63	Y60 ~ Y63
	E16R/E16T/E16P	X60 ~ X67	Y60 ~ Y67
	E32T/E32P	X60 ~ X6F	Y60 ~ Y6F

注意以下几点:

(1)主控单元的 I/O 分配是固定的。

(2)扩展单元可增加至 3 个。

（3）增加扩展单元时，FP0 主控单元可自动进行 I/O 分配，故不需要设定 I/O 编号。

（4）扩展单元的 I/O 分配是根据安装位置确定的。

（5）可与任何晶体管和继电器扩展单元组合。

（三）FP0 的指令系统

FP0 具有丰富的指令系统，达 190 多条。为便于对比记忆，将各种机型使用的指令按大致分类列于表 4-6 中。

表 4-6　FP0 系列指令计表

分类名称		FP1			FP0
		C14/C16	C24/C40	C56/C72	C32
基本指令	顺序指令	19	19	19	19
	功能指令	7	7	8	10
	控制指令	15	18	18	18
	条件比较指令	0	36	36	36
高级指令	数据传输指令	11	11	11	13
	数据运算及比较指令	36	14	41	41
	数据传换指令	16	26	26	26
	数据移位指令	14	14	14	14
	位操作指令	6	6	6	6
	特殊功能指令	7	18	19	4
总计		131	196	198	197

FP0 的指令系统按照其在手持编程器上的输入方式可分成三类：第一类是可以直接在键盘上输入的指令，称为"键盘指令"；第二类是键盘上找不到的，输入时须借助于"SC"和"HELP"键，称为"非键盘指令"；第三类也是键盘上找不到的，但可通过输入其功能号将其输入，即和"FN"键加上数字键输入该类指令，这类指令都各自带有功能编号，在显示器上显示为"FN×××"，其中 N 是功能编号，×××是指令的助记符（助记符不需用户自己输入，输入功能编号后可自动生成），这类指令称为"扩展功能指令"。上述三类指令中，键盘指令和非键盘指令统称为基本指令，而扩展功能指令称为高级指令。

习　题

4-1　PLC 主要由哪几个部分组成？简述各部分的主要作用。

4-2　PLC 常用的存储器有哪几种？各有什么特点？用户存储器主要用来存储什么信息？

4-3　什么是扫描周期？其时间长短主要受什么因素的影响？

4-4　什么是滞后现象？它主要是由什么原因引起的？

4-5　试简述 PLC 的工作原理。

4-6 PLC 中的继电器有哪些类型？各有什么作用？

4-7 阐述 PLC 各种编程语言的特点。

4-8 阐述 PLC 的诞生背景、定义和特点。

4-9 阐述 PLC 的主要功能及应用举例。

4-10 阐述 PLC 与电气控制系统、单片机、DCS 比较的优缺点。

4-11 在复杂的电气控制中，采用 PLC 控制与传统的继电器控制有哪些优越性？

4-12 什么是可编程控制器？它的特点是什么？

4-13 PLC 控制系统与传统的继电器控制系统有何区别？

4-14 PLC 开关量输出接口按输出开关器件的种类不同，有几种形式？

4-15 简述 PLC 的扫描工作过程。

4-16 为什么 PLC 中软继电器的触点可无数次使用？

4-17 PLC 按 I/O 点数和结构形式可分为几类？

4-18 可编程控制器梯形图编程规则的主要内容是什么？

4-19 PLC 执行程序是以循环扫描方式进行的，请问每一扫描过程分为哪几个阶段？

项目五　PLC 编程元件和基本逻辑指令应用

编程元件是 PLC 的重要元素,是各种指令的操作对象。基本逻辑指令是 PLC 中应用最基本的指令,是程序设计的基础。

本项目主要介绍松下 FP0 系列 PLC 的基本编程元件和基本逻辑指令及其编程使用。

子项目一　三相异步电动机的全压启停控制

一、项目目标

综合应用已学习的三相异步电动机的全压启停控制知识和新学习的 PLC 基本指令 ST、ST/、OT、AN、AN/、OR、OR/、ED、SET、RST,设计和调试项目一工作过程的控制程序,从而掌握 PLC 控制系统设计的一般工作流程,掌握 PLC 编程元件的功能、地址编号和编程应用以及基本指令的编程应用。

二、项目准备

(一)项目分析

在电气控制中,对于小型三相交流异步电动机,一般采取全压启停控制。图 5-1 所示为继电器－接触器控制的原理图。按下启动按钮 SB2,KM 主触点闭合使电动机全压启动;按下停止按钮 SB1,电动机停止。如何使用 PLC 进行控制呢?

用 PLC 进行控制时主电路仍然和图 5-1 所示相同,只是控制电路不一样。首先,选定输入/输出设备,即选定发布控制信号的按钮、开关、传感器、热继电器触点等,并选定执行控制任务的接触器、电磁阀、信号灯等,再把这些设备与 PLC 对应相连,编制 PLC 程序,最后运行程序。

正确选择输入/输出设备对于设计 PLC 控制程序、完成控制任务非常关键。一般情况下,一个控制信号就是一个输入设备,一个执行元件就是一个输出设备。选择开关还是按钮,选择按钮的常开触点还是常闭触点,对应的控制程序也不一样。热继电器 FR 触点是电动机的过热保护信号,也应该作为输入设备。

根据继电器－接触器控制原理,完成本控制任务需要有启动按钮 SB2 和停止按钮 SB1 两个主令控制信号作为输入设备,有执行元件(接触器)KM 作为输出设备,控制电动机主电路的接通和断开,从而控制电动机的启停。

选择好输入/输出设备后,接下来的问题就是如何将它们与 PLC 连接,让输入设备的动作信息传给 PLC,PLC 又如何将运行结果传给外部负载。这需要用到 PLC 的内部要素——编程元件 X、Y。

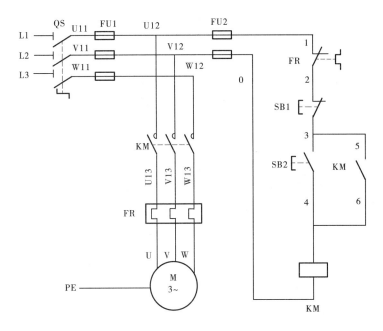

图 5-1　三相异步电动机的全压启停控制电气原理图

(二)相关知识:输入/输出继电器、基本逻辑指令(ST、ST/、OT、AN、AN/、OR、OR/、ED、SET、RST)

1. PLC 编程元件(软继电器)

PLC 内部具有许多不同功能的编程元件,如输入继电器、输出继电器、定时器、计数器等,它们不是物理意义上的实物继电器,而是由电子电路和存储器组成的虚拟器件,其图形符号和文字符号与传统继电器符号也不相同,所以又称为软元件或软继电器。每个软元件都有无数对常开/常闭触点,供 PLC 内部编程使用。

不同厂家不同型号的 PLC,编程元件的数量和种类有所不同。FP0 系列 PLC 的图形符号和文字符号,如图 5-2 所示。

Y0　　　　　　Y0　　　　　　Y0
(a)线圈的常开触点　(b)线圈的常闭触点　(c)线圈

图 5-2　FP0 系列 PLC 的线圈图形符号和文字符号

2. 输入继电器(X)

输入继电器是 PLC 专门用来接收外界输入信号的内部虚拟继电器。它在 PLC 内部与输入端子相连,有无数的常开触点和常闭触点,可在 PLC 编程时随意使用。输入继电器不能用程序驱动,只能由输入信号驱动。

FP0 系列 PLC 输入继电器采用八进制编号。FP0 系列 PLC 最多可达 208 点输入继电器,各单元都采用十六进制的地址,地址范围是 X0 ~ X12F,输入为 X0 ~ XF、X10 ~ X1F、X20 ~ X2F等。

3. 输出继电器(Y)

输出继电器是 PLC 专门用来将程序执行的结果信号经输出接口电路及输出端子,送至并控制外部负载的虚拟继电器,它在 PLC 内部直接与输出接口电路相连,有无数的常开触点与闭合触点,可在 PLC 编程时随意使用。输出继电器只能由程序驱动。

FP0 系列 PLC 输入继电器采用十六进制编号。FP0 系列 PLC 带扩展最多可达 208 点输出继电器,其地址范围是 Y0 ~ Y12F,输入为 Y0 ~ YF、Y10 ~ Y1F、Y20 ~ Y2F 等。

4. 选择输入/输出设备,分配 I/O 地址,绘制 I/O 接线图

一个输入设备原则上占用 PLC 一个输入点(input);一个输出设备原则上占用 PLC 一个输出点(output)。

对于本控制分配任务,I/O 地址分配如下:

停止按钮 SB1——X0;启动按钮 SB2——X1;FR 触点——X2;接触器 KM——Y0。

将选择的输入/输出设备(输入设备选择常开触点)和分配好的 I/O 地址一一对应连接,形成 PLC 的 I/O 接线图,如图 5-3 所示。

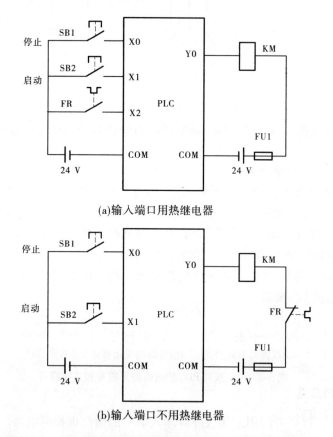

(a)输入端口用热继电器

(b)输入端口不用热继电器

图 5-3　三相异步电动机的全压启停控制 PLC 输入/输出接线图

5. PLC 编程语言

按照上述接线图实施接线后,按下启动按钮 SB2,PLC 如何使输出 KM 线圈通电呢? 这就需要进行 PLC 编程。

PLC 常用的编程语言有梯形图、指令表和状态转移图、逻辑功能图及高级语言等。其中,用得最多的是梯形图和指令表。

1）梯形图

梯形图语言沿袭了继电器控制电路的形式,也可以说,梯形图是在常用的继电器－接触器逻辑控制基础上简化了符号演变而来的,具有形象、直观、实用的特点,电气技术人员容易接受,是目前用得最多的一种 PLC 编程语言。

根据图 5-1 所示三相异步电动机的全压启停控制电路(主电路不变)电气原理图转化为图 5-4 所示用梯形语言编写的 PLC 程序。图中左、右母线类似于继电器－接触器控制图中的电源线,输出线圈类似于负载,输入触点类似于按钮。梯形图由若干梯级组成,自上而下排列,每个梯级起于左母线,能流经触点—线圈,止于右母线。

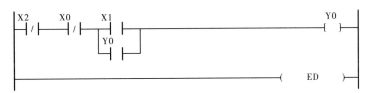

图 5-4　三相异步电动机的全压启停控制梯形图

优化程序减少步数,进而减少占用 PLC 的内存,如图 5-5 所示。

图 5-5　三相异步电动机的全压启停控制优化后梯形图

2）指令表

这种编程语言是与计算机汇编语言类似的助记符编程方式。与图 5-5 所示梯形图相对应的 PLC 指令表程序,如图 5-6 所示。

步序号	指令助记符号	操作元件号
0	ST	X1
1	OR	Y0
2	AN/	X2
3	AN/	X1
4	OT	Y0
5	ED	

图 5-6　三相异步电动机的全压启停控制优化后指令程序

6. FP0 系列 PLC 基本指令

使用指令语言编写 PLC 控制程序,就必须熟悉 PLC 的基本逻辑指令。

1）ST、ST/（Start、Start Not）指令

功能:ST 指令的作用是以常开触点从左母线开始一个逻辑运算。

ST/指令的作用是以常闭触点从左母线开始一个逻辑运算。

操作元件有 X、Y、R、T、C。

2）OT（Out）指令

功能:OT 指令的作用是将运算结果输出到指定线圈。

驱动线圈,操作元件有 Y、R。

程序示例见表 5-1。

表 5-1　ST、ST∕、OT 指令应用

梯形图程序	布尔形式		
	地址	指令	
	0	ST	X	0
	1	OT	Y	0
	2	ST∕	X	0
	3	OT	Y	1

时序图示例说明如图 5-7 所示。

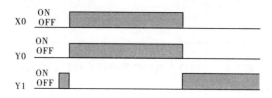

图 5-7　ST、ST∕、OT 指令应用时序图

当 X0 闭合时，Y0 为 ON。

当 X0 断开时，Y1 为 ON。

3）AN、AN∕（AND、AND Not）指令

功能：AN 指令作用是串联一个常开触点。

AN∕指令的作用串联一个常闭触点，在程序中它们可以连续使用，将若干个触点串在一起。

程序示例见表 5-2。

表 5-2　AN、AN∕ 指令应用

梯形图程序	布尔形式		
	地址	指令	
	0	ST	X	0
	1	AN	X	1
	2	AN∕	X	2
	3	OT	Y	0

时序图示例说明如图 5-8 所示。

当 X0 和 X1 均闭合且 X2 断开时，Y0 为 ON。

AN 和 AN∕指令可依次连续使用，如图 5-9 所示。

4）OR、OR∕（OR、OR Not）指令

功能：OR 指令，是并联一个常开触点。

OR∕指令，是并联一个常闭触点，在程序中它们可以连续使用，若干个常闭触点并在一起。

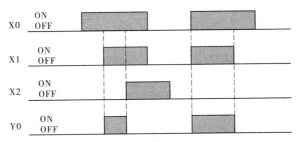

图 5-8　AN、AN/指令应用时序图

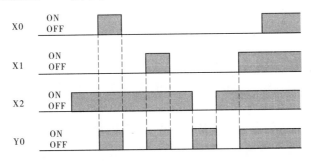

图 5-9　AN 和 AN/指令连续使用

程序示例见表 5-3。

表 5-3　OR、OR/指令应用

梯形图程序	布尔形式		
	地址	指令	
	0	ST	X	0
	1	OR	X	1
	2	OR /	X	2
	3	OT	Y	0

时序图示例说明如图 5-10 所示。

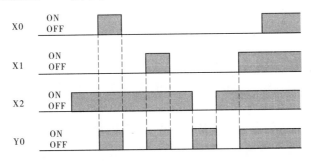

图 5-10　OR、OR/指令应用时序图

当 X0 或 X1 之一闭合或 X2 断开时,Y0 为接通。

OR 指令由母线开始。(分支接点处也可用)

OR 和 OR/指令可依次连续使用,如图 5-11 所示。

5)ED 结束指令

功能:放在全部程序结束处,程序运行时执行第一步至 ED 之间的程序。

三、项目实施

（一）编制三相异步电动机全压启停的梯形图程序

根据继电器－接触器控制原理,三相异步电动机全压启停控制的梯形图程序如图 5-5 所示。按下启动按钮 SB2,通过输入端子使继电器 X1 得电,梯形图中 X1 常开触点闭合,使输出继电器 Y0 接通并自锁,通过输出端子使执行元件 KM 线圈

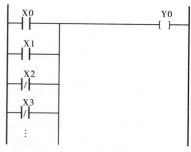

图 5-11　　OR、OR/指令连续使用

得电启动电动机运行;按下停止按钮 SB1,输入 X0 得电,梯形图中 X0 常闭触点动作时输出 Y0 断电,从而使 KM 断电,电动机停止工作。如果电动机过载,热继电器触点 FR 动作也会切断输出 Y0 使电动机停止工作。这个梯形图就是典型的启停电路。

（二）编写电动机全压启停的指令表程序

根据上述梯形图,写出对应的指令表程序,如图 5-6 所示。

（三）程序调试

用普通微型计算机或手持编程器均可输入程序进行调试。用微型计算机调试时,使用配套的编程软件。松下 FPWIN GR 编程软件的使用方法见实验指导书。

（四）接线

按照图 5-3(a)所示的输入/输出接线图,接好各信号线、电源线以及通信电缆后,写入程序便可以观察运行效果。如果与控制要求不符,先看 PLC 的输入/输出端子上相应的信号指示是否正确,若信号指示正确,就说明程序是对的,需要检查外部接线是否正确、负载电源是否正常工作等。若 PLC 的输入/输出端子信号指示不正确,就需要检查和修改程序。

四、知识拓展：常闭触点的输入信号处理、置位 SET/复位 RST 指令、KP（Keep）指令

（一）常闭触点的输入信号处理

PLC 输入端口可以与输入设备不同类型的端点连接,但不同的触点类型设计出的梯形程序不一样。

（1）PLC 外部的输入触点可以接常开触点,也可以接常闭触点。接常闭触点时,梯形图中的触点状态与继电器－接触器控制图中的状态相反。

（2）教学中 PLC 的输入触点经常使用常开触点,便于进行原理分析。但是,在实际控制中,停止按钮、限位开关及热继电器等使用常闭触点,以提高工作可靠性和安全保障,如图 5-12 所示。

（3）为了节省成本,应尽量少占用 PLC 的 I/O 点,因此有时也将 FR 常闭触点串接在其他常闭输入或负载输出回路中,如图 5-3(b)所示。

（二）置位 SET/复位 RST 指令

功能:SET 使操作元件置位(接通并自保持),RST 使操作元件复位。当 SET 和 RST 信号同时接通时,写在后面的指令有效。

程序示例见表 5-4。

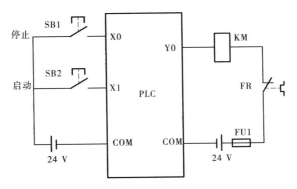

(a)停止按钮为常开触点的I/O接线

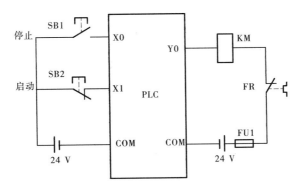

(b)停止按钮为常闭触点的I/O接线

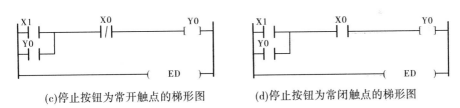

(c)停止按钮为常开触点的梯形图　　　(d)停止按钮为常闭触点的梯形图

图 5-12　按钮常开常闭触点在梯形图中的处理

表 5-4　SET/RST 指令应用

梯形图程序	布尔形式		
	地址	指令	
X0　　　　置位→　Y0〈S〉	0	ST	X	0
X1　　　　　　　　Y0〈R〉　复位	1	SET	Y	0
	2	ST	X	1
	3	RST	Y	0

时序图示例说明如图 5-13 所示。

当 X0 闭合时,Y0 为 ON 并保持 ON。

当 X1 闭合时,Y0 为 OFF 并保持 OFF。

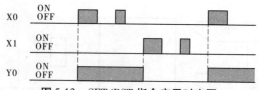

图 5-13　SET/RST 指令应用时序图

【试试看】　用置位/复位指令设计三相异步电动机启停控制的梯形图程序和指令表程序,如图 5-14 所示。

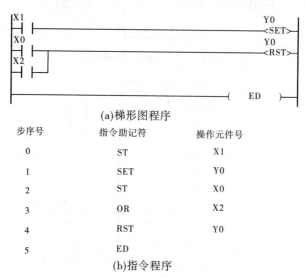

(a)梯形图程序

步序号	指令助记符	操作元件号
0	ST	X1
1	SET	Y0
2	ST	X0
3	OR	X2
4	RST	Y0
5	ED	

(b)指令程序

**图 5-14　置位/复位指令设计三相异步电动机启停控制的
梯形图程序和指令表程序**

(三)KP(Keep)指令

功能:KP 指令是根据置位或复位的输入信号进行输出,并且保持该输出状态的。S 端与 R 端相比,R 端的优先权高。

程序示例见表 5-5。

表 5-5　KP 指令应用

梯形图程序	布尔形式		
	地址	指令	
0 ├X0┤ 置位输入 ──KP R0	0	ST	X	0
1 ├X1┤ 复位输入	1	ST	X	1
	2	KP	R	0

时序图示例说明如图 5-15 所示。

当 X0 闭合时,输出继电器 R0 变为 ON 并保持 ON 状态。

当 X1 闭合时,R0 变为 OFF 并保持 OFF 状态。

该指令与 SET、RST 一样,也是只在前面触点上升沿时起作用,不同之处是,SET、RST 允许输出重复使用,而 KP 指令则不允许。

图 5-15　KP 指令应用时序图

五、项目评价

1. 学生讨论

2. 总结

(1)学习认识松下 FPWIN GR 编程软件和手写编程器。

(2)使用编程软件编写基本指令 ST、ST/、OT、AN、AN/、OR、OR/、ED、SET、RST,学会其应用。

(3)根据控制要求,确定输入输出点数,分配输入输出地址编号。

(4)由继电器 – 接触器控制线路转化成为 PLC 的梯形图,对梯形图进行优化处理。

(5)调试程序,处理输入常开触点和常闭触点在软件中的编程。

3. 思考与练习

(1)如图 5-3(b)所示,试写出启停的梯形图及指令程序,比较图 5-3(a)所示梯形图及指令程序,有什么不同?

(2)试用 KP 指令实现电动机启停控制。

(3)如图 5-16 所示,试用 PLC 实现顺序控制。

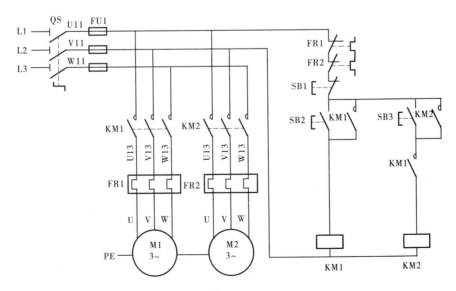

图 5-16　两台电动机顺序控制

子项目二　三相异步电动机的正、反转控制

一、项目目标

综合应用已学习三相异步电动机的正、反转控制知识和新学习的 PLC 基本指令 ANS、ORS、PSHS、RDS、POPS 、MC、MCE,设计和调试项目二工作过程的控制程序,从而感受和掌握 PLC 控制系统设计的一般工作流程,掌握 PLC 编程元件的功能、地址编号、编程应用以及基本指令的编程应用。

二、项目准备

(一)项目分析

图 5-17 所示为三相异步电动机正、反转运行的继电器 – 接触器控制电路。按下正转按钮 SB2,电动机正向启动运行;按下反转按钮 SB3,电动机反向启动运行;按下停止按钮 SB1,电动机停止运行。为了确保 KM1、KM2 不会同时接通导致主电路短路,控制电路中采用了接触器 KM1、KM2 常闭触点互锁装置。

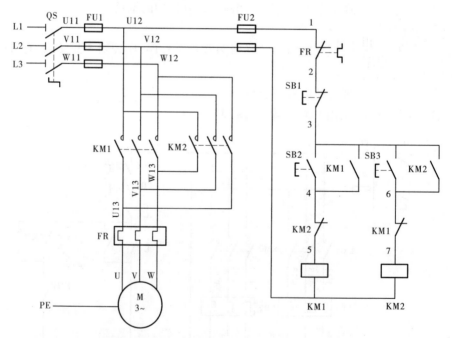

图 5-17　三相异步电动机的正、反转控制电气原理图

采用 PLC 进行控制是按以下步骤进行。

1. 选择输入/输出设备,分配 I/O 地址,绘制 I/O 接线图

输入部分:X0——SB1(停止按钮,接常开触点);

　　　　　X1——SB2(正转启动);

　　　　　X2——SB3(反转启动);

　　　　　X3——FR(热继电器常闭触点)。

输出部分:Y1——KM1(正转接触器);

　　　　　Y2——KM2(反转接触器)。

根据分配的I/O地址,绘制的输入/输出接线图,如图5-18所示。图中PLC外部负载输出回路中串入了KM1、KM2的互锁触点,其作用在于即使在KM1、KM2线圈故障的情况下也能确保KM1、KM2不同时接通。

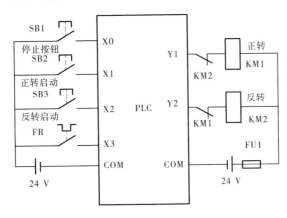

图5-18　三相异步电动机的正、反转控制输入/输出接线图

2. 设计PLC控制程序

根据图5-17三相异步电动机的正、反转控制电路(主电路不变)电气原理图转化为梯形语言编写的PLC程序。设计电动机的正、反转梯形图程序,如图5-19所示。梯形图中常闭触点X3和常闭触点X0串联后同时对线圈Y1和Y2都有控制作用,如何编写其指令表程序呢?

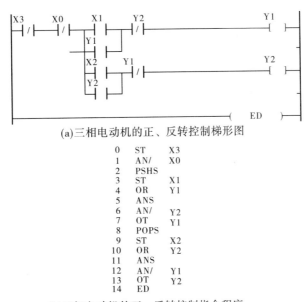

(a)三相电动机的正、反转控制梯形图

```
0    ST    X3
1    AN/   X0
2    PSHS
3    ST    X1
4    OR    Y1
5    ANS
6    AN/   Y2
7    OT    Y1
8    POPS
9    ST    X2
10   OR    Y2
11   ANS
12   AN/   Y1
13   OT    Y2
14   ED
```

(b)三相电动机的正、反转控制指令程序

图5-19　三相异步电动机的正、反转控制梯形图和指令程序

优化程序减少步数,进而减少占用PLC的内存,如图5-20所示。

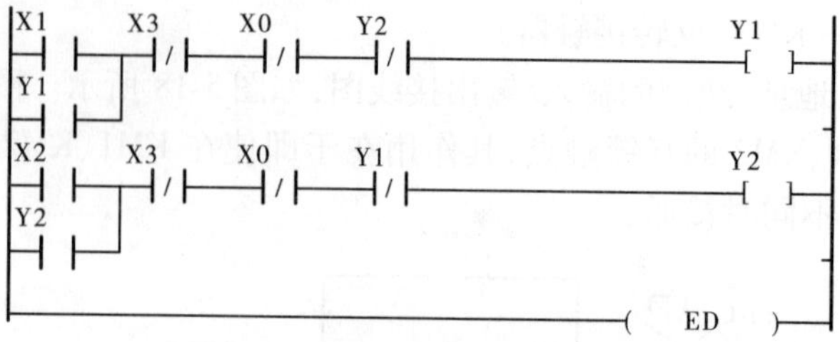

(a)优化后三相电动机的正、反转控制梯形图

```
 0   ST    X1
 1   OR    Y1
 2   AN/   X3
 3   AN/   X0
 4   AN/   Y2
 5   OT    Y1
 6   ST    X2
 7   OR    Y2
 8   AN/   X3
 9   AN/   X0
10   AN/   Y1
11   OT    Y2
12   ED
```

(b)优化后三相电动机的正、反转控制指令程序

图 5-20   优化后三相异步电动机的正、反转控制梯形图和指令程序

（二）相关知识：PLC 基本指令 ANS、ORS、PSHS、RDS、POPS、MC、MCE

1. ANS、ORS(AND stack、OR stack)指令

功能：ANS 指令，是两个触点组串联(组与)。

ORS 指令，是两个触点组并联(组或)。

其程序的书写顺序是，先用 ST、AN 指令分别构成各自的触点组，再用 ORS 指令将它们并联起来。

程序示例见表 5-6。

表 5-6   ANS 指令应用

梯形图程序	布尔形式		
	地址	指令	
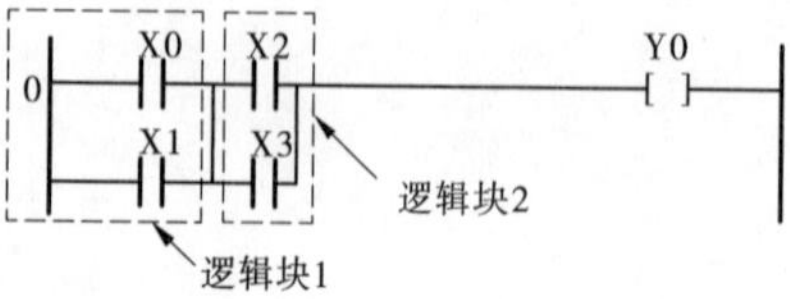	0	ST	X	0
	1	OR	X	1
	2	ST	X	2
	3	OR	X	3
	4	ORS		
	5	OT	Y	0

时序图示例说明如图 5-21 所示。

当 X0 或 X1 闭合，并且 X2 或 X3 闭合时，Y0 为 ON，即

(X0 或 X1)与(X2 或 X3)→Y0

逻辑块1   逻辑块2

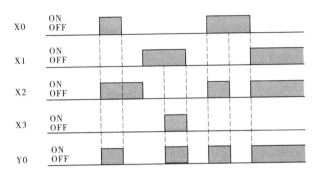

图 5-21 ANS 指令应用时序图

程序示例见表 5-7。

表 5-7 ORS 指令应用

梯形图程序	布尔形式		
	地址	指令	
	0	ST	X	0
	1	AND	X	1
	2	ST	X	2
	3	AND	X	3
	4	ORS		
	5	OT	Y	0

时序图示例说明如图 5-22 所示。

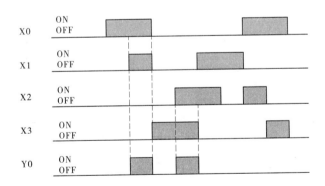

图 5-22 ORS 指令应用时序图

当 X0 和 X1 都闭合,或 X2 和 X3 都闭合时,Y0 为 ON,即

(X0 与 X1)或(X2 与 X3)→Y0

逻辑块 1 逻辑块 2

2. PSHS、RDS、POPS(Push stack、Read stack、Pop stack)指令

功能:PSHS,推入堆栈。将该指令以前的运算结果存储起来。

PDS,读出堆栈。读出由 PSHS 指令存储的运算结果。

POPS,弹出堆栈。读出并清除由 PSHS 指令存储的运算结果。

这是一组对分支形式的梯形图进行编程的指令,统称堆栈指令。它们必须按照规定的先后次序配套使用。

程序示例见表 5-8。

表 5-8　PSHS、RDS、POPS 指令应用

梯形图程序	布尔形式			
	地址	指令		
	0	ST	X	0
	1	PSHS		
	2	AN	X	1
	3	OT	Y	0
	4	RDS		
	5	AN	X	2
	6	OT	Y	1
	7	POPS		
	8	AN/	X	3
	9	OT	Y	2

梯形图程序（左侧）：
```
     X0    X1                 Y0
0  ──┤├──┤├───────────────( )──
          X2    压入堆栈     Y1
       ──┤├───────────────( )──
              读取堆栈
          X3                 Y2
       ──┤/├──────────────( )──
              弹出堆栈
```

时序图示例说明如图 5-23 所示。

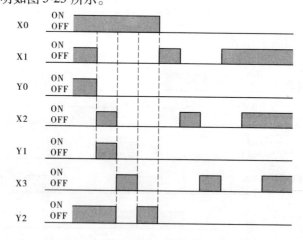

图 5-23　PSHS、RDS、POPS 指令应用时序图

当 X0 闭合时:

由 PSHS 指令保存之前运算结果,并且当 X1 闭合时,Y0 为 ON。

由 RDS 指令读取所保存的运算结果,并且当 X2 闭合时 Y1 为 ON。

由 POPS 指令读取所保存的运算结果,并且当 X3 断开时,Y2 为 ON。同时清除由 PSHS 指令存储的运算结果。

编程时的注意事项如下:

一个运算结果可以存储到内存中,而且可以被读取并用于多重处理。

PSHS(存储运算结果):由本条指令存储运算结果,并且继续执行下一条指令。

RDS(读取运算结果):读取由PSHS指令所存储的运算结果,并且利用此结果从下一步起继续运算。

POPS(复位运算内容):读取由PSHS指令所存储的运算结果,并且利用此结果从下一步起继续运算。同时,还要清除由PSHS指令存储的运算结果。

上述这些指令用于由某个触点产生的、后接其他一个或多个触点的分支结构。描述可通过连续使用RDS指令继续重复使用同一结果。最后,必须使用POPS指令,如图5-24所示。

RDS指令可重复使用任意次数,如图5-25所示。

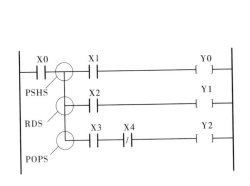

图5-24 POPS指令应用　　　　　　图5-25 RDS指令应用

有关连续使用PSHS指令时的注意事项:

PSHS指令可连续使用的次数有一定限制。在出现下一条POPS指令之前,可连续使用PSHS指令的次数如表5-9所示。

表5-9　连续使用PSHS指令的次数

类型	连续使用次数
FP – M,FP0,FP1	最多8次
FP – C,FP2,FP2SH,FP3,FP10SH	最多7次

三、项目实施

(一)编制电动机正、反转控制的梯形图程序

根据继电器–接触器控制原理,电动机正、反转控制的梯形图程序如图5-19(a)所示。按下正转启动按钮SB2,通过输入端子使继电器X1得电,梯形图中X1常开触点闭合,使输出继电器Y1接通并自锁,通过输出端子使执行元件KM1线圈得电启动电动机正转运行;按下停止按钮SB1,输入X0得电,梯形图中X0常闭触点动作使输出Y1断电,从而使KM1断电,电动机停止工作。如果电动机过载,热继电器触点FR动作也会切断输出Y1使电动机停止工作。按下反转启动按钮SB3,通过输入端子使继电器X2得电,梯形图中X2常开触

点闭合,使输出继电器 Y2 接通并自锁,通过输出端子使执行元件 KM2 线圈得电启动电动机反转运行;按下停止按钮 SB1,输入 X0 得电,梯形图中 X0 常闭触点动作使输出 Y2 断电,从而使 KM2 断电,电动机停止工作。如果电动机过载,热继电器触点 FR 动作也会切断输出 Y2 使电动机停止工作。这个梯形图就是典型的正、反转控制电路。

（二）编写电动机全压启动的指令表程序

根据上述梯形图,写出对应的指令表程序,如图 5-19(b)所示。

（三）程序调试

用普通微型计算机或手持编程器均可输入程序进行调试。用微型计算机调试时,使用配套的编程软件。

（四）外围接线

根据图 5-17 所示主电路,以及图 5-18 所示输入/输出接线图,按照输入/输出接线图接好外部各线,输入用堆栈输出指令编写电动机的正、反转的控制程序,进行运行调试,处理故障,观察结果,写出总结。

注意:直流电源 +24 V 接线方式,参见图 4-4、图 4-5。

四、知识拓展:主控触点指令 MC/MCE

功能:用于公共触点的连接。当驱动 MC 的信号接通时,执行 MC 与 MCE 之间的指令;当驱动 MC 的信号断开时,OT 指令驱动的元件断开,SET/RST 指令驱动的元件保持当前状态。

MC/MCE 指令的用法程序示例如图 5-26 所示。

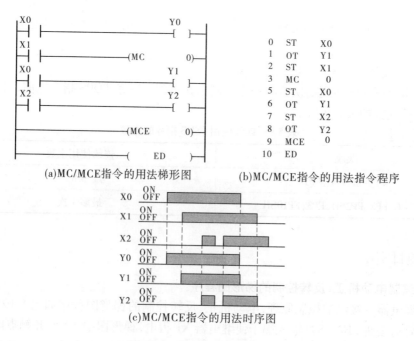

(a)MC/MCE指令的用法梯形图　　　　(b)MC/MCE指令的用法指令程序

(c)MC/MCE指令的用法时序图

图 5-26　MC/MCE 指令的用法

注意事项如下:

(1)主控 MC 触点与母线垂直,紧接在 MC 触点之后的触点用 ST/STI 指令。

(2)主控 MC 与主控复位 MCE 必须成对使用,且编号相同。

(3)主控嵌套最多可以为 8 层。

五、项目评价

1. 学生讨论

2. 总结

(1)使用编程软件编写 PLC 基本指令 ANS、ORS、PSHS、RDS、POPS 、MC、MCE,学会应用。

(2)根据控制要求,确定输入/输出点数,分配输入/输出地址编号。

(3)由继电器－接触器控制线路转化成为 PLC 的梯形图,对梯形图进行优化处理。

(4)灵活应用 AN 和 ANS、OR 和 ORS 指令。

(5)按照"能流"的方式,调试程序,处理 PLC 外围输入/输出与电源的关系,并写出处理故障的过程。

3. 思考与练习

(1)如果正、反转控制 I/O 分配如下:

输入部分:X1,SB1(停止按钮,接常开触点);X2,SB2(正转启动);X3,SB3(反转启动);X4,FR(热继电器常闭触点)。

输出部分:Y3,KM1(正转接触器);Y2,KM2(反转接触器)。

试写出梯形图。

(2)用主控指令编写电动机正、反转的指令表程序。

子项目三 三相异步电动机的 Y/△降压启动控制

一、项目目标

通过教师与学生的互动合作完成项目三三相异步电动机的 Y/△降压启动控制的设计和调试;通过教师的点拨、指导答疑和学生的思考设计、现场调试,完成实训项目控制程序的设计和调试。继续体会 PLC 控制设计的一般工作流程,熟练 PLC 现场程序调试方法,掌握定时器 TM 和内部辅助继电器 R 的编程应用。

二、项目准备

(一)项目分析

图 5-27 所示为三相异步电动机的 Y/△降压启动控制的继电器－接触器控制原理图。按下启动按钮 SB2,交流接触器 KM1、KM3 线圈得电,三相异步电动机"Y"启动,时间继电器 KT 线圈得电并自保,延时(比如 30 s)后交流接触器 KM3 线圈失电,同时交流接触器 KM2 线圈得电,三相异步电动机"△"运行。按下停止按钮 SB1,电动机停止运行。延时继电器 KT 使电动机完成延时启动任务,进而降低启动电流。用 PLC 进行控制时怎样完成这一任务呢?这要用到 PLC 的定时功能——编程元件 TM。

采用 PLC 进行控制是按以下步骤进行。

1. 选择输入/输出设备,分配 I/O 地址,绘制 I/O 接线图

根据本控制任务,要实现三相异步电动机的 Y/△ 降压启动控制,只需要选择发送控制信号的启动、停止按钮和传送热过载信号的 FR 常闭触点作为 PLC 的输入设备;选择接触器 KM1、KM2、KM3 作为 PLC 输出设备控制电动机,构成"Y"和"△"的主电路即可。时间控制功能由 PLC 内部元件(TM)完成,不需要外部考虑。根据选定的输入/输出设备分配 PLC 地址如下:

　　　　输入部分:X0——SB1 启动按钮;

　　　　　　　　　X1——SB2 停止按钮;

　　　　　　　　　X2——FR 热继电器。

　　　　输出部分:Y0——接触器 KM1;

　　　　　　　　　Y1——接触器 KM2;

　　　　　　　　　Y2——接触器 kM3。

2. 设计 PLC 控制程序

根据图 5-27 所示三相异步电动机 Y/△ 降压启动控制电路(主电路不变)电气原理图转化为梯形语言编写的 PLC 程序。根据上述分配的地址,绘制 I/O 接线图如图 5-28(a)所示。设计电动机 Y/△ 降压启动梯形图程序,如图 5-28(b)所示。

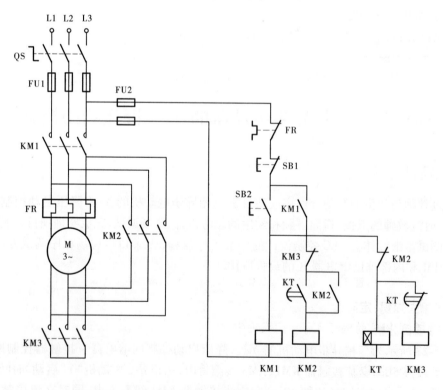

图 5-27　三相异步电动机的 Y/△ 降压启动控制电气原理图

优化程序减少步数,进而减少占用 PLC 的内存,如图 5-29 所示。

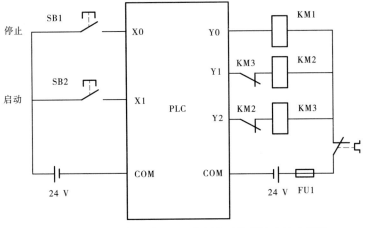

(a)三相异步电动机Y/△降压启动控制输入输出接线

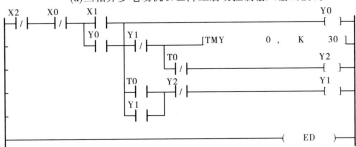

(b)三相异步电动机Y/△降压启动控制梯形图

0	ST/	X2		14	POPS	
1	AN/	X0		15	AN/	T0
2	ST	X1		16	OT	Y2
3	OR	Y0		17	POPS	
4	ANS			18	ST	T0
5	PSHS			19	OR	Y1
6	OT	Y0		20	ANS	
7	RDS			21	AN/	Y2
8	AN/	Y1		22	OT	Y1
9	PSHS			23	ED	
10	TMY	0				
	K	30				

(c)三相异步电动机Y/△降压启动控制指令程序

图5-28 使用PLC三相异步电动机 Y/△降压启动控制

(二)相关知识:定时器TM、辅助继电器R

1. FP0系列PLC的编程元件——定时器TM

定时器在PLC中的作用相当于一个时间继电器,它有一个设定值寄存器(字)、一个当前值(字)、一个线圈以及无数个触点(位)。可用于定时操作,具有延时接通或断开电路的作用。

TM(Time),定时器指令,如图5-30所示,其书写格式为

$$ST \qquad X0$$
$$TML \qquad 0$$
$$K \qquad 300$$

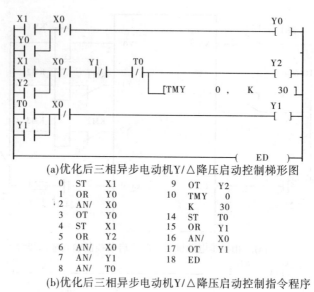

(a)优化后三相异步电动机Y/△降压启动控制梯形图

0	ST	X1		9	OT	Y2
1	OR	Y0		10	TMY	0
2	AN/	X0			K	30
3	OT	Y0		14	ST	T0
4	ST	X1		15	OR	Y1
5	OR	Y2		16	AN/	X0
6	AN/	X0		17	OT	Y1
7	AN/	Y1		18	ED	
8	AN/	T0				

(b)优化后三相异步电动机Y/△降压启动控制指令程序

图 5-29　优化后三相异步电动机 Y/△ 降压启动控制

其中,0 表示定时器的编号;K 表示定时器所定时间。

```
  X0
  ┤├────────[TML      0 ,   K   300 ]
```

图 5-30　定时器指令

1)定时器的使用说明

定时器按定时时钟分四种类型:

TML——定时时钟为 0.001 s;

TMR——定时时钟为 0.01 s;

TMX——定时时钟为 0.1 s;

TMY——定时时钟为 1 s。

在 FP0 型 PLC 中初始定义有 100 个定时器,编号 T0 ~ T99。

在同一个程序中,相同序号的定时器只能使用一次,而该定时器的触点可以通过常开或常闭触点的形式被多次引用。

定时器的设定值即为时间常数,它只能是十进制数或 SV,其范围是 1 ~ 32 767 内的任意值。在编程格式中时间常数前要加一个大写字母"K"。定时器的定时时间等于时间常数乘以该定时器的定时时钟,如"TML0 K7000""TMX1 K70"以及"TMY2 K7"的定时时间均相等,为 7 s。

定时器的设定值和过程值会自动存入相同序号的专用寄存器 SV 和 EV 中,因此可通过察看同一序号的 SV、EV 内容来监控该定时器的工作情况。每个 SV、EV 为一个字,即 16 位存储器。

因定时器在定时过程中需持续接通,所以在程序中,定时器的输入触点后面不能串微分指令。

2)定时器的工作原理

定时器为减 1 计数。当程序进入运行状态后,输入触点接通瞬间定时器开始工作,先将设定值寄存器 SV 的内容装入经过值寄存器 EV 中,然后开始计数。每过 1 个时钟脉冲,经过值减 1,直至 EV 中内容减为 0,该定时器各对应触点开始动作,常开触点闭合、常闭触点断开。而当输入触点断开时,定时器复位,对应触点恢复原来状态,且 EV 清零,但 SV 不变。若在定时器未达到设定时间时断开其输入触点,则定时器停止计时,其经过值寄存器被清"0",且定时器对应触点不动作,直至输入触点再接通,重新开始定时。

3)定时器的应用举例

现以图 5-31(a)所示的梯形图为例,说明通用定时器的工作原理和过程。当驱动线圈的信号 X0 接通时,定时器 TMX0 的当前值对 300×0.001 s,以 0.001 s 单位脉冲开始计数,达到设定值 300 个脉冲时,T0 的输出触电动作使输出继电器 Y0 接通并保持,即输出是在驱动线圈后的 0.3 s(0.001 s $\times 300 = 0.3$ s)时动作。当驱动线圈的信号 X0 断开或发生停电时,通用定时器 T0 复位(触电复位、当前值 0),输出继电器 Y0 断开。当 X0 第二次接通时 T0 又开始重新定时,如果计时时间小于 0.3 s(0.001 s $\times 300 = 0.3$ s),T0 触点不会动作,Y0 也不会接通。

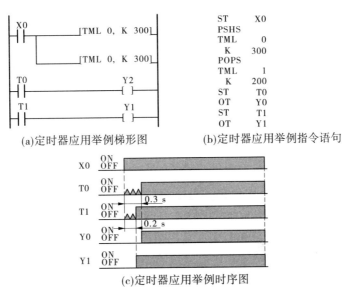

(a)定时器应用举例梯形图　　　　(b)定时器应用举例指令语句

(c)定时器应用举例时序图

图 5-31　定时器应用举例

2. FP0 系列 PLC 的辅助继电器 R

辅助继电器在 PLC 内部,不能直接对外输入、输出,但经常用作状态暂存、中间运算等。辅助继电器也有线圈和触点,其常开触点和常闭触点可以无限次在程序中使用但不能直接驱动外部负载。

辅助继电器采用字母 R 表示,并以十六进制地址编号。辅助继电器按用途分为以下几类。

1)通用辅助继电器

FP0 中的通用内部辅助继电器共 1 008 个,地址范围 R0 ~ R62F。可以单个使用,形式如 R0、R3B 等,也可以由 16 个组成一个单元使用,形式如 WR0、WR15 等。

2）特殊辅助继电器

特殊辅助继电器也叫专用内部继电器，每一个都有专门的用途，这类继电器只能单独使用，且只能使用触点，不能使用线圈，地址范围 R9000～R903F。

辅助继电器应用举例，如图 5-32 所示。

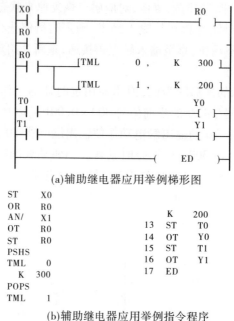

(a)辅助继电器应用举例梯形图

```
0    ST    X0
1    OR    R0                          K    200
2    AN/   X1                  13  ST   T0
3    OT    R0                  14  OT   Y0
4    ST    R0                  15  ST   T1
5    PSHS                      16  OT   Y1
6    TML   0                   17  ED
      K    300
9    POPS
10   TML   1
```

(b)辅助继电器应用举例指令程序

图 5-32　辅助继电器应用举例

三、项目实施

（一）编制三相异步电动机 Y/△ 降压启动控制的梯形图程序

根据继电器－接触器控制原理，三相异步电动机 Y/△ 降压启动控制的梯形图程序如图 5-28（b）所示。按下启动按钮 SB2，通过输入端子使继电器 X1 得电，梯形图中 X1 常开触点闭合，使输出继电器 Y0、Y2 接通并自锁，通过输出端子使执行元件 KM1、KM3 线圈得电，电动机 Y 启动；经过一段时间 T，输出 Y2 断电，从而使 KM3 断电，同时使输出继电器 Y1 接通并自锁，通过输出端子使执行元件 KM2 线圈得电，电动机 △ 运行；按下停止按钮 SB1，输入 X0 得电，梯形图中 X0 常闭触点动作使输出 Y0、Y2 断电，从而使 KM1、KM2 断电，电动机停止工作。这个梯形图就是典型的 Y/△ 降压启动控制电路。

（二）编写电动机降压启动的指令表程序

根据上述梯形图，写出对应的指令表程序，如图 5-28（c）所示。

（三）程序调试

用普通微型计算机或手持编程器均可输入程序进行调试。用微型计算机调试时，使用配套的编程软件。

（四）外围接线

按照图 5-28（a）所示接好输入/输出端口导线，输入程序图 5-28（b）或图 5-29（a），调试程序,处理故障,观察运行结果。

四、知识拓展:关于定时器应用及其他功能

(一)振荡电路(脉冲电路)

如图 5-33(a)所示梯形图是由定时器实现的振荡电路,当 X0 接通时,输出 Y0 以 1 s 周期闪烁变化(如果 Y0 是蜂鸣器,则停 0.5 s,响 0.5 s,交替进行),波形如图 5-33(b)所示。改变 T0、T1 的设定值,就可以调整脉冲宽度。

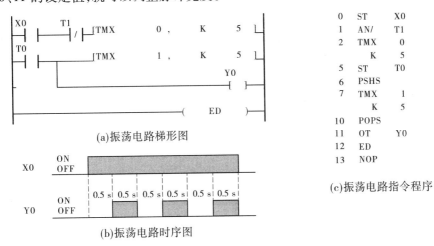

(a)振荡电路梯形图

(b)振荡电路时序图

0	ST	X0
1	AN/	T1
2	TMX	0
		K 5
5	ST	T0
6	PSHS	
7	TMX	1
		K 5
10	POPS	
11	OT	Y0
12	ED	
13	NOP	

(c)振荡电路指令程序

图 5-33　振荡电路

(二)其他功能

关于定时器指令的其他事项如下:

(1)在定时器工作期间,如果定时器的输入信号断开,则运行中断,定时器被复位。

(2)定时器预置区是定时器预置时间的存储区。

(3)当经过值区 EV 中的数据减到 0 时,定时器触点接通。

(4)每个 EV、SV 为一个字,即 16 位存储器区,并且对应着一个定时器号。

(5)在定时器工作期间,如果 PLC 失电或者工作方式由 RUN 切换到 PROG,则定时器复位。

(6)定时器操作是在定时器扫描期间执行,因此使用定时器时,应保证 TM 指令在每个扫描周期只能扫描一次(在使用 INT、JP、LOOP 指令时要注意)。

(7)定时器可以串联使用,也可并联使用。串联使用时,第二个定时器在第一个定时器计到 0 时开始定时;并联使用时,可以按不同的时间去控制不同的对象。

五、项目评价

1.学生讨论

2.总结

(1)使用编程软件编写定时器 TM 和内部辅助继电器 R,学会并灵活应用。

(2)根据控制要求,确定输入/输出点数,分配输入/输出地址编号。

(3)由继电器-接触器控制线路转化成为 PLC 的梯形图,对梯形图进行优化处理。

（4）调试程序,在线监控调试,并写出处理故障的过程。

3. 思考与练习

（1）若将图 5-28 的 T0 换成 TML0,设定值 K 应是多少?

（2）定时器线圈的驱动信号（图 5-31 中的 X0）为长信号,若 X0 的外部设备是按钮,该如何处理? 这就需要用到 PLC 的内部编程元件——辅助继电器 R。

（3）设计路灯的控制程序。要求:每晚 07:00 由工作人员按下按钮（X0）,点亮路灯 Y0,次日凌晨按下 X1 停止。特别注意的是,如果夜间出现意外停电,则要求恢复来电后继续点亮路灯。

（4）六盏灯单通循环控制。要求:按下启动信号 X0,六盏灯（Y0 ~ Y5）依次循环显示,每盏灯亮 1 s 时间。按下停车信号 X1,灯全灭。

子项目四　洗手间的冲水清洗控制

一、项目目标

通过教师与学生的互动合作完成子项目四洗手间的冲水清洗控制的设计和调试;通过教师的点拨、指导答疑和学生的思考设计、调试,进而学会基本指令 DF、DF/。继续感受和体会 PLC 程序设计的工作流程,培养工程素质和综合能力,体验解决实际问题的过程,学会解决实际问题的方法。

二、项目准备

（一）项目分析

某宾馆洗手间的控制要求为:当有人进去时,光电开关使 X0 接通,3 s 后 Y0 接通,使控制水阀打开,开始冲水,时间为 2 s;使用者离开后,再一次冲水,时间为 3 s。

根据本项目的控制要求,可以画出输入 Y0 的波形图,如图 5-34 所示。

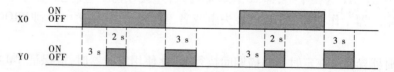

图 5-34　洗手间的冲水清洗控制输入输出时序图

从波形图上看出,有人进去 1 次（X0 每接通一次）则输出 Y0 要接通 2 次。X0 接通后延时 3 s 将 Y0 第一次接通,这用定时器就可以实现。然后是当人离开（X0 的下降沿到来）时 Y0 第二次接通,且前后两次接通的时间长短不一样,分别是 2 s 和 3 s。这需要用到 PLC 的边沿指令或微分指令 DF 和 DF/。

（二）相关知识:上升沿和下降沿微分指令 DF 和 DF/（脉冲输出指令）

上升沿和下降沿微分指令 DF 和 DF/,也称为脉冲输出指令。

功能:当驱动信号的上升沿和下降沿到来时,操作元件接通一个扫描周期。如图 5-35 所示,当输入 X0 的上升沿到来时输出继电器 Y0 接通一个扫描周期,其余时间不论 X0 是接通还是断开,Y0 都断开。同样,当输入 X1 的下降沿到来时,输出继电器 Y1 接通一个扫描周期,然后断开。

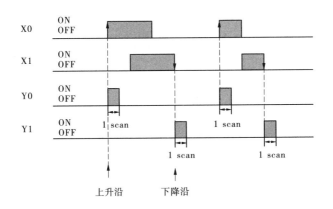

图 5-35　DF 和 DF/指令应用时序图

程序示例见表 5-10。

表 5-10　DF 和 DF/指令应用

梯形图程序	布尔形式		
	地址	指令	
	0	ST	X	0
	1	DF		
	2	OT	Y	0
	3	ST	X	1
	4	DF/		
	5	OT	X	1

时序图示例说明,如图 5-35 所示:

在检测到 X0 的上升沿(OFF→ON)时,Y0 仅为 ON 一个扫描周期。

在检测到 X1 的下降沿(ON→OFF)时,Y1 仅为 ON 一个扫描周期。

三、项目实施

(一)选择输入/输出设备,分配 I/O 地址,绘制 I/O 接线图

根据本控制任务,要实现洗手间的冲水清洗控制要求,可知输入设备为光电开关,输出设备为水阀。根据选定的输入/输出设备分配 PLC 地址如下:

输入部分:X0——光电开关;

　　　　　X1——SB 紧急停止按钮。

输出部分:Y0——水阀 YA。

洗手间的冲水清洗控制输入/输出接线图如图 5-36 所示。

(二)外围接线

根据图 5-36 连接成实物图。

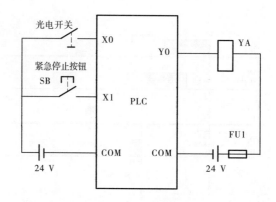

图 5-36   洗手间的冲水清洗控制输入/输出接线图

（三）程序设计

设计洗手间的冲水清洗程序时，可以分别采用 DF 和 DF/指令作为 Y0 第一次接通前的开始定时信号和第二次开通的启动信号。同一编号的继电器线圈不能在梯形图中两次出现，否则称为"双线圈输出"，是违反梯形图设计规则的，所以 Y0 前后两次接通要用辅助继电器（R10）和（R15）进行过渡和"记录"，再将 R10 和 R15 的常开触点并联后驱动 Y0 输出，如图 5-37 所示。

R0 和 R1 都是微分短信号，要使用定时器正确定时，就必须设计成启保停电路。而 PLC 的定时器只有延时触点而没有瞬时触点。因此，用 R0 驱动辅助继电器 R2 接通并自锁，给 TMX0 接通 3 s 提供长信号保证，再通过 R10 将输出 Y0 接通。同样，R15 也是供 TMX2 完成 3 s 定时的辅助继电器，而且通过 R15 将 Y0 第二次接通。根据题意分析得出梯形图。

（四）程序调试

用普通微型计算机或手持编程器均可输入程序进行调试。用微型计算机调试时，使用配套的编程软件。把图 5-37（a）梯形图或指令程序写入 PLC，进行运行调试，处理故障，观察结果，写出总结。

四、知识拓展：DF 和 DF/指令应用

如图 5-38 所示，用 DF 指令实现二分频电路，在第一个输入脉冲信号 X0 到来时，R0 接通一个扫描周期。因为第三行还未执行，CPU 执行第二行时，常开触点 Y0 仍然断开，R1 为 OFF，其常闭触点闭合。执行第三行时，输出继电器被接通并保持。当第二个输入脉冲 X0 到来，执行第二行时，常开触点 Y0 已接通，R1 为 ON。执行第三行时，虽有触发脉冲 R0，因常闭触点 R1 已断开，输入继电器变为 OFF，其时序图如图 5-38（b）所示，即输出 Y0 对输入 X0 二分频。

五、项目评价

1. 学生讨论

2. 总结

（1）使用编程软件编写指令 DF 和 DF/，学会并灵活应用。

（2）根据控制要求，确定输入/输出点数，分配输入/输出地址编号。

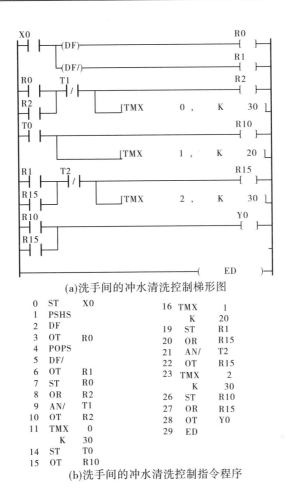

(a)洗手间的冲水清洗控制梯形图

0	ST	X0		16	TMX	1
1	PSHS				K	20
2	DF			19	ST	R1
3	OT	R0		20	OR	R15
4	POPS			21	AN/	T2
5	DF/			22	OT	R15
6	OT	R1		23	TMX	2
7	ST	R0			K	30
8	OR	R2		26	ST	R10
9	AN/	T1		27	OR	R15
10	OT	R2		28	OT	Y0
11	TMX	0		29	ED	
	K	30				
14	ST	T0				
15	OT	R10				

(b)洗手间的冲水清洗控制指令程序

图 5-37　洗手间的冲水清洗控制程序

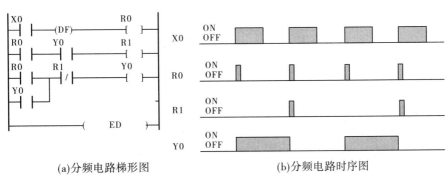

(a)分频电路梯形图　　　　　　　　　　(b)分频电路时序图

图 5-38　分频电路

（3）根据控制要求,使用内部辅助继电器 R 记录不同的状态,由内部辅助继电器 R 驱动输出继电器 Y。

（4）调试程序,在线监控调试,并写出处理故障的过程。

3.思考与练习

（1）图 5-37(a)中能不能不用 R0 和 R2,直接用 X0 使 TMX0 定时 30 s 再接通 Y0?

（2）用边沿检测指令设计单按钮实现电动机的控制程序和洗手间的冲水程序。

■ 子项目五　进库物品的统计监控

一、项目目标

通过教师与学生的互动合作完成子项目五进库物品统计监控的设计和调试；通过教师的点拨、指导答疑和学生的思考设计、调试，进而学会基本指令 CT。继续感受和体会 PLC 程序设计的工作流程，培养工程素质和综合能力，体验解决实际问题的过程，学会解决实际问题的方法。

二、项目准备

（一）项目分析

有一个小型仓库，需要对每天存放进来的货物进行统计：当货物达到 150 件时，仓库监控室的绿灯亮；当货物数量达到 200 件时，仓库监控室的红灯亮。

本控制任务的关键是要对进库物品进行统计计数。解决的思路是在进库口设置传感器检测是否有物品进库，然后对传感器检测信号进行计数。这需要用到 PLC 的另一编程元件——计数器 CT。

（二）相关知识：计数器 CT

计数器是 PLC 的重要内部元件，在 CPU 执行扫描操作时对内部元件 X、Y、R、T、C 的信号进行计数。

CT（Counter），是计数器指令，如图 5-39 所示，它的书写格式为

ST	X1
ST	X2
CT	100
K	2

其中，100 表示计数器的编号；2 表示计数器所计的数值。

具体说明如下：

（1）FP0 型 PLC 初始设置计数器为 C100 ~ C143，序号可用系统寄存器重新设置。设置时注意 TM 和 CT 序号前后错开。同时，程序中相同序号的计数器只能使用一次，而对应的常开和常闭触点可使用无数次。

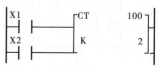

图 5-39　计数器指令书写格式

（2）计数器有两个出入端，即时钟端（CP）和复位端（R），分别有两个输入触点控制（见图 5-39）。时钟脉冲和复位脉冲均为上升沿起作用，R 端比 CP 端优先权高。

（3）计数器的设置值即为计数器的初始值，与定时器一样，该值只能是 1 ~ 32 767 中的任意十进制数，书写时前面一定要加字母“K”。同样，计数器的设定值和经过值也用同一序号的 SV 和 EV 来存放。

（4）计数器为减 1 计数，每来 1 个时钟计数器减 1（上升沿有效），直至减为 0 时计数器

各对应触点开始动作。其动作顺序如下：

程序一进入"运行"方式，计数器就自动进入初始状态，此时 SV 的值被自动装入 EV。此后时钟输入端触点(X)每接通一次，计数器(EV)减 1，直至 EV 中的内容减为 0 时，对应的常开触点闭合，常闭触点断开。

计数器应用举例如图 5-40 所示。

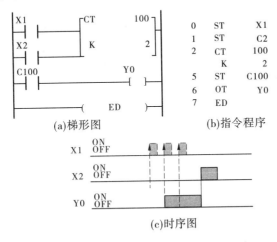

(a)梯形图　　　　　　　(b)指令程序

(c)时序图

图 5-40　计数器应用举例

注意：复位端(X2)接通，计数器清零(EV100 = 0)，触点(C100)断开；复位端(X2)断开，计数器初始化(EV100 = SV100)。若在计数器计数过程中到来 1 个复位脉冲，计数器清零，直至复位触点断开，计数器复位，重新开始计数。

三、项目实施

(一)选择输入/输出设备，分配 I/O 地址，绘制 I/O 接线图

根据任务要求，需要在进库口设置传感器，检测是否有进库物品到来，这是输入信号。传感器检测到信号以后送给计数器进行统计计数，但计数器是 PLC 的内部元件，不需要选择相应的外部设备，但计数器需要有复位信号，依本子项目来看，需要单独配置一个按钮供计数器复位，同时作为整个监控系统的启动按钮。本控制任务的输出设备就是两个监控指示灯(红灯和绿灯)。分配地址如下：

输入部分：X0——进库物品检测传感器；

　　　　　X1——监控系统启动按钮(计数复位按钮)SB。

输出部分：Y0——监控室绿灯 L0；

　　　　　Y1——监控室红灯 L1。

如图 5-41 所示为监控系统的 I/O 接线图。

(二)设计控制程序

图 5-42 所示为进库物品的统计监控程序。每有一件物品进库，传感器就通过 X0 输入 1 个信号，计数器 C100、C101 分别计数 1 次，C100 计满 150 件时其触点动作，使绿灯(Y0)点亮；C101 计满 200 件时其触点动作，与 R901C(1 s 时钟脉冲)串联后实现红灯(Y1)亮。

梯形图如图 5-42(a)所示。

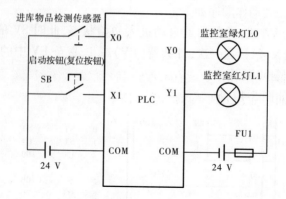

图 5-41　进库物品的统计监控 I/O 接线图

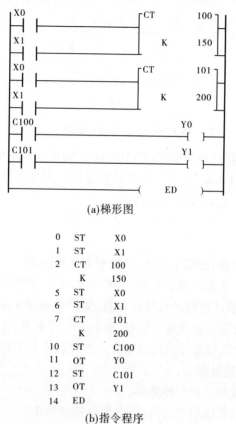

(a)梯形图

```
0    ST    X0
1    ST    X1
2    CT    100
     K     150
5    ST    X0
6    ST    X1
7    CT    101
     K     200
10   ST    C100
11   OT    Y0
12   ST    C101
13   OT    Y1
14   ED
```

(b)指令程序

图 5-42　进库物品的统计监控程序

（三）程序调试

　　按照图 5-41 所示程序进库物品的统计监控 I/O 接线图接好电源线、通信线及输入/输出信号,输入图 5-42 所示进库物品的统计监控程序进行调试,直至满足要求。

四、知识拓展:计数器的其他应用

(一)通用计数器的自复位电路——主要用于循环计数

如图 5-43 所示程序,CT100 对计数脉冲 X0 进行计数,计到第三次的时候,CT100 的常开触点动作使 Y0 接通。而在 CPU 的第二轮扫描中,由于 CT100 的另一常开触点也动作使其线圈复位,后面的触点也跟着复位,因此在第二轮扫描周期中 Y0 断开。在第三个扫描周期中,由于 CT100 常开触点复位解除了线圈的复位状态,因此使 CT100 又处于计数状态,重新开始下一轮计数。

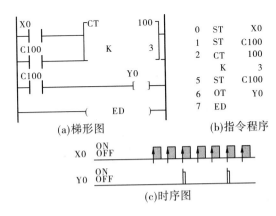

图 5-43　计数器的自复位电路

与定时器自复位电路一样,计数器的自复位电路也要分析前后 3 个扫描周期,才能真正理解其自复位过程。计数器的自复位电路主要用于循环计数。定时器的自复位电路在实际中应用非常广泛,要深刻理解才能熟练应用。

(二)通用计数器的串联电路——主要用计数器扩展

当需要计数的数值超过了计数器的最大值时,可以将两个或多个计数器串级组合,以此达到扩大计数器范围的目的,如图 5-44 所示。

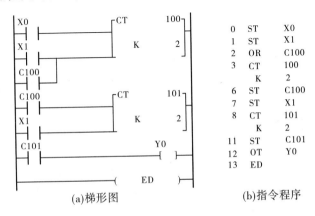

图 5-44　计数器扩展

五、项目评价

1. 学生讨论

2. 总结

（1）使用编程软件编写计数器 CT 指令，学会并灵活应用。

（2）根据控制要求，确定输入/输出点数，分配输入/输出地址编号。

（3）调试程序，在线监控调试，并写出处理故障的过程。

（4）使用计数器 CT 指令编写循环控制。

3. 思考与练习

（1）采用特殊辅助计数器 R901C 作为秒脉冲并送入 CT100 计数。CT100 每计 60 次（1 min）向 CT101 发出一个计数信号，CT101 计 60 次（1 h）向 CT102 发出一个计数信号。CT100、CT101 分别计 60 次（00～59），CT102 计 24 次（00～23）。

（2）如何将秒、分、时的信号输出来？

（3）设计彩灯顺序控制系统。控制要求：A 亮 1 s，灭 1 s；接着 B 亮 1 s，灭 1 s；接着 C 亮 1 s，灭 1 s；接着 D 亮 1 s，灭 1 s；接着 A、B、C、D 亮 1 s，灭 1 s；接着 A 亮 1 s，灭 1 s；循环三次停止。

子项目六　LED 数码管显示设计

一、项目目标

通过教师与学生的互动合作完成 LED 数码管显示的设计和调试；通过教师的点拨、指导答疑和学生的思考设计、调试，进而学会编程规则、技巧、优化方式。继续感受和体会 PLC 程序设计的工作流程，培养工程素质和综合能力，体验解决实际问题的过程，学会解决实际问题的方法。

二、项目准备

（一）项目分析

LED 数码管由七段发光二极管和一个小圆点二极管组成，根据各段管的亮暗可以显示 0～9 的 10 个数字和许多字符。设计用 PLC 控制的数码管显示程序，要求：按下 SB1 时数码管开始由 9 到 0 倒计时显示数字，显示"9"1 s 灭，接着显示"8"，以此类推到显示"0"停止。

（二）相关知识：梯形图程序设计规则与梯形图优化、经验设计法

1. 七段数码管

七段数码管的结构如图 5-45 所示，有共阴极和共阳极两种接法，本书采用共阳极接法。在共阳极接法中，COM 端一般接地电位，这种只需控制阳极端的电平高低就可以控制数码管显示不同的字符。例如，当 b 端和 c 端输入为高电平，其他各端输入为低电平时，数码管显示为"1"；当 a、c、d、e、f 端输入全为高电平时，数码管显示为"0"。

2. 梯形图程序设计规则与梯形图优化

（1）输入/输出继电器、内部辅助继电器、定时器、计数器等器件的触点可以多次重复使

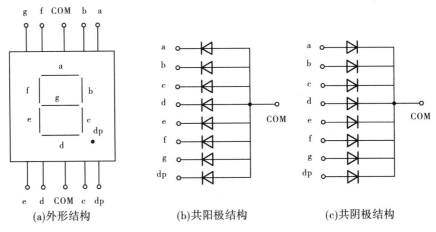

(a)外形结构　　　　　　　　(b)共阳极结构　　　　　　　　(c)共阴极结构

图 5-45　七段数码管结构示意图

用,无需复杂程序结构来减少触点的使用次数。

（2）梯形图每一行都是从左母线开始的,经过许多触点的串、并联,最后用线圈终止于右母线。触点不能放在线圈的右边,任何线圈不能直接与左母线相连,如图 5-46 所示。

（3）在程序中,除步进程序外,不允许同一编号的线圈多次输出（不允许双线圈输出）,如图 5-47 所示。

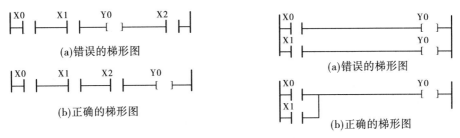

（a)错误的梯形图　　　　　　　　　　　　　　　（a)错误的梯形图

（b)正确的梯形图　　　　　　　　　　　　　　　（b)正确的梯形图

图 5-46　触点不能放在线圈的右边　　　　图 5-47　不允许双线圈输出

（4）不允许出现桥式电路。当出现如图 5-48（a）所示的桥式电路时,必须换成如图 5-48（b）所示的形式才能进行程序调试。

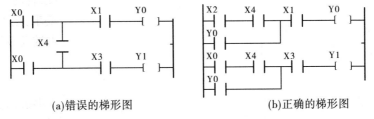

（a)错误的梯形图　　　　　　　　　　　　（b)正确的梯形图

图 5-48　不允许出现桥式电路

（5）为了减少程序的执行次数,梯形图中,并联触点多的应放在左边,串联触点多的应放在上边。如图 5-49 所示,优化后的梯形图比优化前少一步。

（6）尽量使用连续输出,避免使用多重输出的堆栈指令,如图 5-50 所示,连续输出比多重输出的梯形图在转化成指令程序时要简单得多。

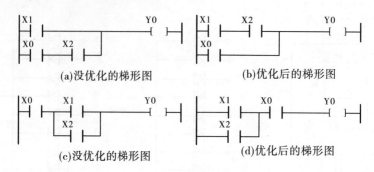

(a)没优化的梯形图　　　(b)优化后的梯形图

(c)没优化的梯形图　　　(d)优化后的梯形图

图 5-49　梯形图优化

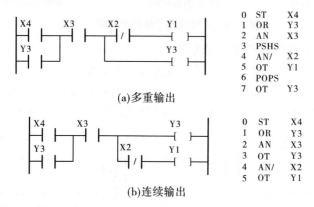

(a)多重输出

(b)连续输出

图 5-50　避免使用多重输出

(三)PLC 程序设计常用的经验设计法

所谓的经验设计法,就是在传统的继电器－接触器控制图和 PLC 典型控制电路的基础上,依据积累的经验进行翻译、设计修改和完善,最终得到优化的控制程序。需要注意的事项如下:

(1)在继电器－接触器控制中,所有的继电器－接触器都是物理元件,其触点都是有限的。因而控制电路中要注意触点是否够用,要尽量合并触点。但在 PLC 中,所有的编程软元件都是虚拟器件,都有无数的内部触点供编程使用,不需要考虑怎样节省触点。

(2)在继电器－接触器控制中,要尽量减少元件的使用数量和通电时间的长短,以降低成本、节省电能和减少故障概率。但在 PLC 中,当 PLC 的硬件型号选定以后其价格就定了。编制程序时可以使用 PLC 丰富的内部资源,使程序功能更加强大和完善。

(3)在继电器－接触器控制电路中,满足条件的各条支路是并行执行的,因而要考虑复杂的联锁关系和临界竞争。然而在 PLC 中,由于 CPU 扫描梯形图的顺序是从上到下(串行)执行的,因此可以简化联锁关系,不考虑临界竞争问题。

三、项目实施

(一)拟订方案,选择输入/输出设备,分配 I/O 地址,绘制 I/O 接线图

根据本任务的控制要求,输入地址已经确定。按下 SB1 要求数码管显示字符"5",显示

"5"1 s 后灭,显示"4"1 s 后灭,显示"3"1 s 后灭,以此类推,即数码管显示"0"1 s 后停止。本任务的输出设备就是一个数码管,但因为它是由 7 段长形管 a、b、c、d、e、f、g 和一个圆点管组成的(圆点没用),所以需要占用 8 个输出地址。本控制任务的输出地址分配是:数码管圆点 dp 对应 Y0;数码管 a～g 段对应 Y1～Y7。由此绘制的 I/O 接线图如图 5-51 所示。

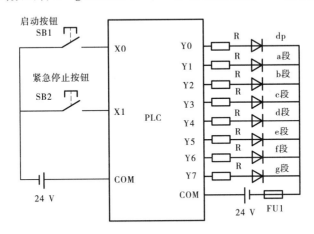

图 5-51　LED 数码管显示设计输入/输出接线图

输入部分:X0——SB1 启动按钮;

　　　　　X1——SB2 紧急停止按钮。

输出部分:Y0——数码管圆点 dp;

　　　　　Y1——数码管 a;

　　　　　Y2——数码管 b;

　　　　　Y3——数码管 c;

　　　　　Y4——数码管 d;

　　　　　Y5——数码管 e;

　　　　　Y6——数码管 f;

　　　　　Y7——数码管 g。

(二)设计梯形图程序

各个字符的显示是由 7 段码的不同点亮情况组合而成的,例如,数字 0 需要数码管的 a(Y1)、b(Y2)、c(Y3)、d(Y4)、e(Y5)、f(Y6)六段点亮,1 需要数码管的 b(Y2)、c(Y3)两段点亮。而 PLC 的梯形图设计是不允许出现双线圈的,所以要用辅助继电器 R 进行过渡。用 R 作为字符显示的状态记录,再用记录的各状态点亮相应的二极管。

下面用 PLC 的经验设计法进行数码管的设计,读者应注意体会。

1. 字符显示状态的基本程序

搭建程序的大致框架。在程序中就是用辅助继电器做好各按键字符的状态记录,同时需要 6 个 1 s 定时器。例如,按下 SB1 时,用 R0 做记录,R0 驱动 a(Y1)、c(Y3)、d(Y4)、f(Y6)、g(Y7)五段数码管,表明要显示字符"5",同时定时器 TMX0 开始计时 1 s 后,定时器常开触点驱动 R1,用 R1 做记录,R1 驱动 b(Y2)、c(Y3)、f(Y6)、g(Y7)四段数码管,表明要显示字符"4",以此类推,定时器 TMX5 驱动 R5,用 R5 做记录,R 驱动 a(Y1)、b(Y2)、c(Y3)、d(Y4)、e(Y5)、f(Y6)六段数码管,表明要显示字符"0",1 s 后灭。

2. 字符的数码管显示记录程序

将 5 至 0 的数字记录状态送到 R0 至 R5 上,程序如图 5-52 所示。

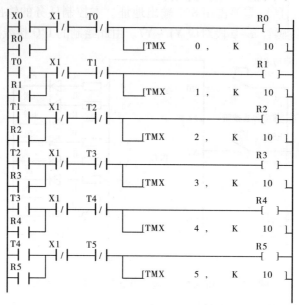

图 5-52　数码管显示记录程序

3. 记录程序驱动数码管显示程序

将上一步记录的各状态用相应的输出设备进行输出。例如,R5 状态是要输出字符"0",那就要点亮 a、c、d、f、g 段,也就是要将 Y1、Y3、Y4、Y6、Y7 接通;R1 状态是要输出字符"4",那就要点亮 b、c、f、g,也就是要将 Y2、Y3、Y6、Y7 接通。据此设计的梯形图程序如图 5-53 所示。

4. 数码显示的最终梯形图程序

将前面各部的程序段组合在一起,并进行总体功能检查(有无遗漏或者相互冲突的地方,若有就要进行添加或衔接过渡),最后完善成总体程序,本程序中 T0 常闭触点切断 R 各状态和 Y0,就是最后检查出来的属于遗漏的地方。

(三)编写指令表程序及进行程序调试

按照 I/O 接线图,接好电源线、通信线及输入/输出梯形图程序或编写指令表程序并调试运行,直至满足控制要求。现场调试时要注意数码管的接线正确。

四、知识拓展:SR 寄存器移位指令

SR(Shift Register),是左移位指令,相当于 1 个串行输入移位寄存器。

(1)该指令的移位对象只限于内部寄存器 WR,它可以指定 WR 中任意一个作为位移寄存器使用。

(2)IN 端为数据输入端。该端接通,移位输入的是"1";该端断开,移位输入的是"0"。

(3)CP 端是移位脉冲输入端。该端每接通 1 次(上升沿有效),指定寄存器的内容左移 1 bit,逐位向高位移动。

(4)R 端是复位端。该端一旦接通,指定寄存器的内容全部清零,且移位动作停止。R

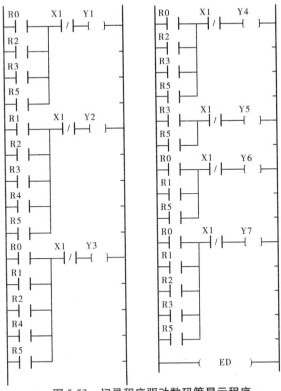

图 5-53　记录程序驱动数码管显示程序

端比 CP 端优先权高。

应用举例如图 5-54 所示。

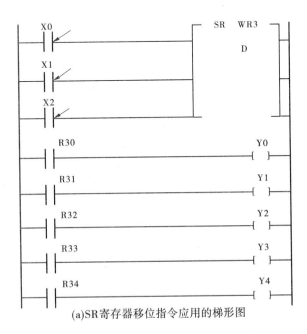

(a)SR寄存器移位指令应用的梯形图

图 5-54　SR 寄存器移位指令应用

0	ST	X0
1	ST	X1
2	ST	X2
3	SR	WR3
4	ST	R30
5	OT	Y0
6	ST	R31
7	OT	Y1
8	ST	R32
9	OT	Y2
10	ST	R33
11	OT	Y3
12	ST	R34
13	OT	Y4

(b)SR寄存器移位指令应用的指令程序

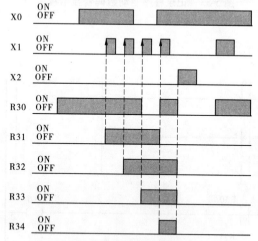

(c)SR寄存器移位指令应用的时序图

续图 5-54

五、项目评价

1. 学生讨论

2. 总结

(1)学会应用经验法设计及编写程序。

(2)掌握梯形图程序设计规则与梯形图优化。

（3）根据控制要求,确定输入/输出点数,分配输入/输出地址编号。

（4）根据控制要求,使用内部辅助继电器 R 记录不同的状态,由内部辅助继电器 R 驱动输出继电器 Y。

（5）调试程序,在线监控调试,并写出处理故障的过程。

3.思考与练习

（1）有一 3 台皮带运输机传输系统,分别用电动机 M1、M2、M3 带动,控制要求如下：按下启动按钮,先启动最末一台皮带机 M3,经 5 s 后再依次启动其他皮带机。正常运行时,M3、M2、M1 均工作。按下停止按钮时,先停止最前一台皮带机 M1,待料送完毕后再依次停止其他皮带机。

①写出 I/O 分配表；

②画出梯形图。

（2）用 SR 寄存器移位指令实现 LED 数码管显示设计。

■ 习 题

5-1 使用置位、复位指令,编写两套电动机（两台）的控制程序,两套程序控制要求如下：

（1）启动时,电动机 M1 先启动,之后才能启动电动机 M2,停止时,电动机 M1、M2 同时停止。

（2）启动时,电动机 M1、M2 同时启动,停止时,只有在电动机 M2 停止时,电动机 M1 才能停止。

5-2 设计周期为 5 s、占空比为 20% 的方波输出信号程序。

5-3 用两个定时器实现 10 min 的定时。

5-4 使用顺序控制程序结构,编写出实现红、黄、绿三种颜色信号灯循环显示的程序（要求循环间隔时间为 1 s）,并画出该程序设计的功能流程图。

5-5 编写一段输出控制程序,假设有 8 个指示灯,从左到右以 0.5 s 速度依次点亮,到达最右端后,再从左到右依次点亮,如此循环显示。

5-6 用计数器实现 100 000 个数字的计数。

5-7 试用 PLC 实现两台电动机顺序启动和顺序停止（参照项目二）。

5-8 设计优先电路。控制要求：输入信号 A 或输入信号 B 中先到者取得优先权,后到者无效。

5-9 某自动生产线上,使用有轨小车来运转工序之间的物件,小车采用电动机拖动,其行驶示意图如图 5-55 所示。电机正转,小车前进；电机反转,小车后退。

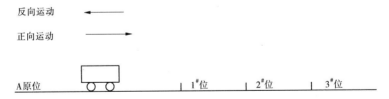

图 5-55　小车行驶示意图

控制过程为:

(1)小车从原位 A 出发驶向 1#位,抵达后,立即返回原位。

(2)接着向 2#位驶去,到达后立即返回原位。

(3)第三次出发一直驶向 3#位,到达后返回原位。

(4)必要时,小车按上述要求出发三次运行一个周期后能停下来。

(5)根据需要,小车能重复上述过程,不停地运行下去,直到按下停止按钮。

要求:按 PLC 控制系统设计的步骤进行完整的设计。

项目六　PLC 编程方法的应用

在工程中,对 PLC 应用程序的设计有多种方法,这些设计方法的使用也因各个设计者的技术水平和喜好有较大的差异,本项目主要介绍时序电路设计和功能表图设计两种方法。时序控制是指用定时器实现的顺序定时控制,是一种用定时器"接力"定时的时序控制梯形图设计方法,主要应用于定时顺序控制和定时循环控制;功能表图是用图形符号和文字表述相结合的方法,全面描述控制系统,含电气、液压、气动和机械控制系统或系统某些部分的控制过程、功能和特性的一种语言,主要应用于顺序控制。经验法在项目五中已经介绍。

子项目一　广场喷泉电路设计

一、项目目标

本项目的目标是学习 PLC 编程方法的时序电路设计方法,使用时序电路法设计广场喷泉电路。通过教师与学生的互动合作完成各示范任务的设计和调试;通过教师的点拨、指导答疑和学生的思考设计、现场调试,独立完成各实训任务设计和调试。最后汇总完善整个项目的设计和整体调试。让学生感受实际工作中 PLC 编程方法的时序电路方法的一般工作流程,体验解决实际问题的过程,学会用编程方法的时序电路方法解决实际问题的方法。倡导学生主动参与学习,发现问题,探索问题,学习与老师同学交流,学会用语言表述问题过程和调试结果,提高综合素质。

二、项目准备

(一)项目分析

设计要求:有 A、B、C 三组喷头:A 组先喷 5 s;然后 B、C 同时喷,A 停;5 s 后 B 停;再 5 s 后 C 停,而 A、B 又喷;再 2 s 后,C 也喷;持续 5 s 后全部停喷。再过 3 s 重复前述过程,如图 6-1 所示。

分析:

(1)在整个设计要求中,根据输入/输出设备及题意,可以确定输入为两个,即启动、停止,分别用 X0、X1 表示;输出为三个,即 A、B、C 三组喷头,分别用 Y0、Y1、Y2 表示。

(2)在整个设计中,需要六个定时器,TMX0 为 5 s,TMX1 为 5 s,TMX2 为 5 s,TMX3 为 2 s,TMX4 为 5 s,TMX5 为 3 s。

(3)根据设计要求和输入/输出,画出相应的时序图如图 6-2 所示。

(4)根据输入/输出、内部辅助继电器、定时器的时序图列出逻辑表达式,用输入 X0、内部辅助继电器 R0、定时器 TMX 的时序图表达出输出 Y0、Y1、Y2,即

$$A = Y0 = R0 \cdot \overline{TMX0} + TMX2 \cdot \overline{TMX4}$$

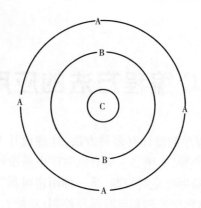

图 6-1　广场喷泉

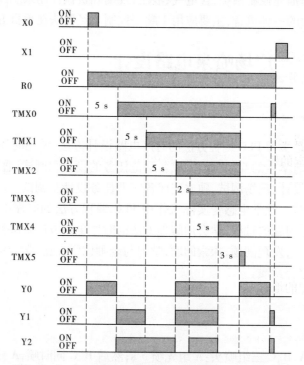

图 6-2　广场喷泉时序图

$$B = Y1 = TMX0 \cdot \overline{TMX1} + TMX2 \cdot \overline{TMX4}$$
$$C = Y2 = TMX0 \cdot \overline{TMX2} + TMX3 \cdot \overline{TMX4}$$

（二）相关知识

（1）所谓时序设计方法,就是在设计中根据时序图找出输入/输出及内部辅助继电器和定时器触点的对应关系,并可根据触点的控制规律适当地化简。一般情况下,时序设计法应与经验法配合使用,否则将使逻辑关系过于复杂。

（2）触点控制规律。

设 X0、X1、Y0 为三个触点,逻辑关系有如下控制规律:交换律、结合律、吸收律、重复律、分配律等。上述规律可以通过实际梯形图表示,如图 6-3 所示。

（3）编程步骤如下:

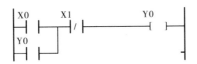

图6-3　梯形图转化逻辑式

①根据控制要求分配输入、输出触点,有时还要分配内部辅助继电器及定时器/计数器等。

②分析逻辑关系,画时序图。

③根据时序图,列出输出信号的逻辑表达式。

④依上述分析画出梯形图。

⑤验证。逻辑表达式不一定列全,应结合经验法分析其正确性。

三、项目实施

(一)选择输入/输出设备,分配I/O地址,画出接线图

根据本控制任务,要实现广场喷泉控制电路,只需要选择发送控制信号的启动、停止按钮及常开触点作为PLC的输入设备;选择接触器KM1、KM2、KM3作为PLC输出设备分别控制A、B、C三组喷泉电动机,主电路是三个连续运行主电路即可。时间控制功能由PLC内部元件(TM)完成,不需要外部考虑,按钮只能实现短信号高电平,因此还需要内部辅助继电器R0。根据选定的输入/输出设备分配PLC地址如下:

输入部分:X0——启动按钮SB1;

　　　　　X1——停止按钮SB2。

输出部分:Y0——接触器KM1;

　　　　　Y1——接触器KM2;

　　　　　Y2——接触器KM3。

根据上述分配的地址,绘制I/O接线图,如图6-4所示。

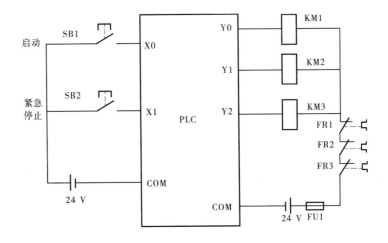

图6-4　广场喷泉控制I/O接线图

（二）选择 PLC

根据输入/输出点数选择 PLC；输入 $2 \times (1 + 0.15) = 2.3$，输出 $3 \times (1 + 0.15) = 3.45$，输入点数大于 2.3，输出点数大于 3.45，可选择输入 6 个点、输出 4 个点的 FP0 – C10 的 PLC。

（三）设计 PLC 控制程序

根据图 6-2 广场喷泉时序图，输入 X0、内部辅助继电器 R0、定时器 TMX 的时序图表达出输出 Y0、Y1、Y2 的逻辑表达式，写出梯形图如图 6-5 所示。

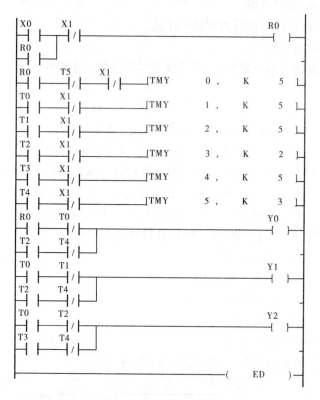

图 6-5　广场喷泉梯形图

如图 6-5 所示，如果按下停止按钮，喷泉会停喷。但是我们如何设计一个按下停止按钮，喷泉不会停喷，而是喷完一个完整的周期才停喷的程序呢？

程序设计，如图 6-6 所示，图中把 TMY5 动断触点串入 TMY0 线圈控制电路中，目的是定时器能周期地进行工作。把 TMY5 动断触点与 R1 动断触点并联，目的是不论 X1 何时按下，R0 必须喷完一个周期才会停止。

（四）程序调试

用普通微型计算机或手持编程器均可输入程序进行调试，用微型计算机调试时，或还需要有配套的编程软件，松下软件 FPWIN GR 编程软件写出的梯形图。

按照图 6-4 所示的输入/输出接线图，接好各信号线、电源线以及通信电缆后，写入程序便可以观察运行效果。如果与控制要求不符，先看 PLC 的输入/输出端子上相应的信号指示是否正确，若信号指示正确，就说明程序是对的，需要检查外部接线是否正确、负载电源是否正常工作等。若 PLC 的输入/输出端子信号指示不正确，就需要检查和修改程序，反复修改,调试,直到正常按要求运行。

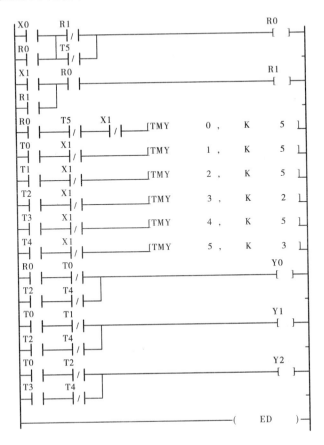

图6-6 完善广场喷泉梯形图

四、知识拓展:PLC 的选择

(一) PLC 容量估算

PLC 容量包括两个方面:一是 I/O 的点数,二是用户存储器的容量。

1. I/O 点数的估算

根据被控对象输入信号和输出信号的总点数,并考虑到今后调整和扩充,一般应加上 10% ~15% 的备用量。

2. 用户存储量的估算

用户应用程序占用多少内存与很多因素有关,如 I/O 点数、控制要求、运算器处理量、程序结构等。因此,在程序设计之前只能粗略地估算。根据经验,每个 I/O 点及有关功能器件占用的内存大致如下:

开关量输入:所需存储字数 = 输入点数 ×10。

开关量输出:所需存储字数 = 输出点数 ×8。

定时器/计数器:所需存储器字数 = 定时器/计数器数量 ×2。

模拟量:所需存储器字数 = 模拟量通道个数 ×100。

通信接口:所需存储器字数 = 接口个数 ×300。

用户存储器的容量根据存储器的总字数再加上一个备用量计算。

(二)I/O 模块的选择

1. 开关量输入模块的选择

PLC 的输入模块用来检测来自现场(如按钮、行程开关、温控开关、压力开关等)的高电平信号,并将其转换为 PLC 内部的低电平信号。

按输入点数分:常用的有 8 点、12 点、16 点、32 点等。

按工作电压分:常用的有直流 5 V、12 V、24 V,交流 110 V、220 V 等。

按外部接线方式分:汇点输入、分隔输入等。

选择输入模块主要考虑以下两点:

(1)根据现场输入信号(按钮、行程开关)与 PLC 模块输入的远近来选择电压的高低。一般 24 V 以下属低平电压,其传输距离不宜太远。如 12 V 电压模块一般不超过 10 m,距离较远模块输入较高电压比较可靠。

(2)高密度的输入模块,如 32 点输入模块,能允许同时接触的点数取决于输入电压和环境温度。一般同时接触的点数不得超过总输入点数的 60%。

2. 开关量输出模块的选择

输出模块的任务是将 PLC 内部的低电平的控制信号,转换为外部所需电平的输出信号,驱动外部负载。输出模块有三种输出方式:继电器输出、双向可控硅输出、晶体管输出。

(1)输出方式的选择。继电器输出价格便宜,使用电压范围广,导通压降小、承受瞬时过电压和过电流的能力较强且有隔离作用。但继电器有触点,寿命较短,且响应速度较慢,适用于动作不频繁的交直流负载。当驱动电感性负载时,最大开闭频率不超过 1 Hz。

晶闸管输出(交流)和晶体管输出(直流)都属于无触点开关输出,适用于通断频繁的感性负载。感性负载在断开瞬间会产生较高的反压,必须采取抑制措施。

(2)输出电流的选择。模块的输出电流必须大于负载电流的额定值,当负载电流较大,输出模块不能直接驱动时,应增加中间放大环节。对于电容性负载、热敏电阻负载,考虑到接通时有冲击电流,要保留足够的余量。

(3)允许同时接通的输出点数。在选用输出模块时,不但要看一个输出点的驱动能力,还要看整个输出模块的慢负荷能力,即输出模块同时接通点数的总电流值不得超过模块规定的最大允许电流。如 OMRON 公司的 CQM1 - OC222 是 16 点输出模块,每个点允许通过电流 2 A(AC 250 V/DC 24 V)。但整个模块允许通过的最大电流仅为 8 A。

3. 特殊功能模块

除开关量信号外,工业控制还要对温度、压力、物位、流量等过程变量进行检测和控制。模拟量输入、模拟量输出以及温度控制模块就是用于将过程量转换成 PLC 可以接收的数字信号以及将 PLC 数字信号转化成模拟信号输出。此外,还有一些特殊情况,如位置控制、脉冲计数及联网,与其他外部设备连接等都需要专用的接口模块,如传感器模块、I/O 连接模块等。这些模块中有自己的 CPU、存储器,能在 PLC 的管理和协调下独立地处理特殊任务,这样既完善了 PLC 的功能,又可减轻 PLC 的负担,提高处理速度。有关特殊功能模块的应用可参见 PLC 产品手册。

(三)分配输入/输出点

一般输入点与输出信号、输出点与输出控制是一一对应的。分配好后,按系统配置的通道与接点号,分配给每一个输入信号和输出信号,即进行编号。

在个别情况下,也有两个信号用一个输出点,那样就应在接入输入点前,按逻辑关系接好线(如两个触点先并联或串联),然后接到输入点。

1. 明确 I/O 通道范围

不同型号的 PLC,其输入/输出通道的范围是不一样的,应根据所选 PLC 型号,查阅相应的编程手册,决不可"张冠李戴"。

2. 内部辅助继电器

内部辅助继电器不对外输出,不能直接连接外部器件,而是在控制其他继电器、定时器/计数器时作数据储存或数据处理用。从功能上讲,内部辅助继电器相当于传统电控柜中的中间继电器。根据程序设计的需要,应合理安排 PLC 的内部辅助继电器,在设计说明书中应详细列出各内部辅助继电器在程序中的用途,避免重复使用。

3. 分配定时器/计数器

注意定时器和计数器的编号不能同时使用。对高速定时,如果扫描的时间超过 10 ms,必须使用 TM/CNT000～015 以保证计时准确,而其他编号不能作中断处理,在扫描时间长时,计时不够准确。

4. 数据储存器(DM)

在数据储存、数据转换及数据运算等场合,经常需要处理以通道为单位的数据,此时应用数据储存器是很方便的。数据储存器中的内容,即使在 PLC 断电、运行开始或停止时也能保持不变。数据存储器也应根据程序设计的不同需要来合理安排,详细列出各 DM 通道在程序中的用途,以避免重复使用。

五、项目评价

1. 学生讨论

2. 总结

(1)领会时序电路设计方法的思想,根据控制要求按照步骤设计程序。

(2)在调试过程中,在线监控,按照"能流"的过程反复调试,直至按要求运行。

3. 思考与练习

(1)使用时序法设计两台电动机顺序控制 PLC 系统。控制要求:两台电动机相互协调运转,M1 运转 10 s,停止 5 s,M2 运行要求与 M1 相反,M1 停止 M2 运行,M1 运行 M2 停止,如此反复动作 3 次,M1 和 M2 均停止。

(2)如图 6-7 所示,使用时序法设计如下控制:L3、L5、L7、L9 亮 1 s 后灭,接着 L2、L4、L6、L8 亮 1 s 后灭,再接着 L3、L7、L9 亮 1 s 后灭,如此循环下去。

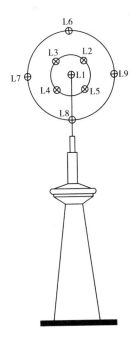

图 6-7　天塔之光

子项目二　多种液体自动混合控制

一、项目目标

本项目的目的是学习 PLC 编程方法的功能表图设计法,使用功能表图设计法设计多种液体自动混合装置的控制电路。通过教师与学生的互动合作完成各示范项目的设计和调试;通过教师的点拨、指导答疑和学生的思考设计、现场调试,独立完成各实训项目设计和调试。最后汇总完善整个项目的设计和整体调试。让学生感受实际工作中 PLC 编程方法的功能表图设计法一般工作流程,体验解决实际问题的过程,学会用编程方法的功能表图设计方法解决实际问题的方法。倡导学生主动参与学习,发现问题,探索问题,学会与老师同学交流,学会用语言表述问题过程和调试结果,提高综合素质。

二、项目准备

(一)项目分析

1. 分析多种液体自动混合装置

多种液体的混合装置示意图如图 6-8 所示。其中 L1、L2、L3 为液面传感器,液面淹没该点时为 ON。YV1、YV2、YV3、YV4 为电磁阀,M 为搅拌电机。

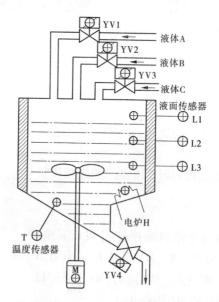

图 6-8　多种液体自动混合控制

2. 分析两种液体自动混合的动作要求

(1)初始状态。容器是空的,各个阀门均关闭(YV1 ~ YV4 均为 OFF),L1、L2、L3 均为 OFF,搅拌电机 M 也为 OFF。

(2)启动操作。按一下启动按钮装置,开始按下列规律操作。

①YV1 = ON,液体 A 流入容器。当液面升到 L3 时,L3 为 ON,使 YV1 为 OFF,YV2 为

ON,即关闭液体 A 阀门,打开液体 B 阀门。

②当液面升到 L2 时,使 YV2 为 OFF,YV3 为 ON,即关闭液体 B 阀门,打开液体 C 阀门。

③当液面升到 L1 时,使 YV3 为 OFF,M 为 ON,即关掉液体 C 阀门,开始搅拌。

④搅拌 10 s 后,停止搅拌(M 为 OFF),加热器开始加热,当混合液体的温度达到所需的设定值时,加热器停止加热,放出混合液体(YV4 为 ON)。

⑤当液面降到 L3 时(L3 从 ON→OFF),再过 5 s 后,容器即可放空,使 YV4 为 OFF,由此完成一个混合搅拌周期。随后将开始一个新的周期。

【试试看】　停止操作,按一下停止按钮后,只有在当前的混合操作处理完毕后,才停止操作(停在初始状态上)。

(二)相关知识

1. 功能表图设计法

所谓功能表图设计法,就是用图形符号和文字表述相结合的方法,全面描述控制系统,含电气、液压、气动和机械控制系统或系统某些部分的控制过程、功能和特性的一种语言。在功能表图中,把一个循环过程分解成若干个清晰的连续阶段,称为"步"(step),步与步之间有"转换"分隔。当两步之间的转换条件满足,并实现转换时,上一步的活动结束,而下一步的活动开始。一个过程循环分的步越多,对过程的描述就越精确。

2. 步

在控制系统的一个工作周期中,各依次顺序相连的工作阶段,称为步或工步,用矩形框和文字(或数字)表示。

步有两种状态,一个步可以是活动的,称为活动步,也可以是非活动的,称为非活动步(停止步),一系列活动步决定控制过程的状态。对应控制过程开始阶段的步,称为初始步(Initial Step),每一个功能表图至少有一个初始步,初始步用双线矩形框表示,如图 6-9 所示。

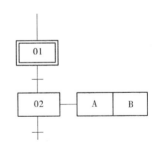

图 6-9　功能表图组成

3. 动作

在功能表图中,命令(Command)或称动作(Action)用矩形框文字和字母符号表示,与对应步的符号相连。一个步被激活,能导致一个或几个动作或命令,亦即对应活动步的动作被执行。若某步为非活动步,对应的动作返回到该步活动之前的状态。对应活动步的所有动作被执行,活动步的动作可以是动作的开始、继续或结束。若有几个动作与同一步相连,这些动作符号可水平布置,如图 6-9 中动作 A、B。

4. 有向连线

有向连线将各步按进展的先后顺序连接起来,它将步连接到转换,并将转换连接到步。有向连线指定了从初始步开始向活动步进展的方向与线路。有向连线可垂直或水平布置,为了使图面更加清晰,个别情况下也可用斜线。在功能表图中,进展的走向总是从上至下,从左到右,因此有向连线的箭头可以省略。如果不遵守上述进展规则,必须加注箭头。若垂直有向连线与水平有向连线之间没有内在联系,允许它们交叉;但当有向连线与同一进展相关时,则不允许交叉;在绘制功能表图时,因图较复杂或用几张图表示,有向连线必须中断,应注明下一步编号及其所有页数。

5. 转换

在功能表图中,生成活动步的进展,是按有向连线制定的路线进行的,进展由一个或几个转换的实现来完成。转换的符号是一根短划线,与有向线相交。转换将相邻的两个步隔开。如果通过有向连线连接到转换符号的所有前级步都是活动步,该转换为使能转换,否则该转换为非使能转换。只有当转换为使能转换,且转换条件满足时,该转换才被实现。某转换实现,所有与有向连线和相应转换符号相连的后续步被激活,而所有与有向连线和相应转换符号的前级步均为非活动步。

6. 转换条件

转换条件标注在转换符号近旁,转换条件可用三种方式表示。

（1）文字语句:b、c 触点中任何一个闭合,触点 a 同时闭合。

（2）布尔表达式:$a(b+c)$。

（3）图形符号:如图 6-10 所示。

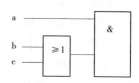

图 6-10　图形符号

所谓转换条件,是指与该转换相关的逻辑变量,可以是真的（1）也可以是假的（0）。如果逻辑变量为真,转换条件为"1",转换条件满足;如果逻辑变量为假,转换条件为"0",转换条件不满足。只有当某使能步转换条件满足,转换才被执行。

7. 单序列功能表图结构

如图 6-11 所示,有时一张功能表图采用了多种结构形式组成。

如图 6-11 所示,每一个步后面仅接一个转换,每一个转换之后也只有一个步,所有各步沿有向连线单列串联。按图 6-11 对每一个步都可写出布尔表达式。

$$X2 = (X1 \cdot a + X2) \cdot \bar{b} = (X1 \cdot a + X2) \cdot \overline{X3}$$

$$X3 = (X2 \cdot b + X3) \cdot \bar{c} = (X2 \cdot b + X3) \cdot \overline{X4}$$

式中　a、b、c——步 X2、X3 和 X4 的转换条件;

　　　$\overline{X1}$、$\overline{X2}$、$\overline{X3}$、$\overline{X4}$——各步的编号。

$\bar{b}$ 与$\overline{X3}$等效,$\bar{c}$ 与 $\overline{X4}$ 等效,括号内 X2 和 X3 为自保持信号。

若 X2 为活动步,与其相连的动作 Y1 和动作 Y2 被执行。当转换条件满足时,工步 X3 被激活,并保持（括号中的 X3）, X2 变成非活动步,动作 Y1 和 Y2 停止执行,恢复到工步 X2 活动前的状态。单序列的特点是,在任一时刻,只有一个步处于活动状态。

图 6-11　单序列功能表图结构

三、项目实施

（一）选择输入/输出设备,分配 I/O 地址,画出接线图

根据本控制任务,要实现多种液体自动混合控制电路,只需要选择发送控制信号的启动、三个限位（行程开关）、传感器、停止按钮常开触点作为 PLC 的六个输入设备;选择四个电磁阀、接触器、加热器六个输出作为 PLC 输出设备分别控制电磁阀 YV1 至电磁阀 YV4、电动机、加热器。时间控制功能由 PLC 内部元件（TM）完成,不需要外部考虑,按钮只能实现

短信号高电平,因此还需要状态内部辅助继电器 R0 ~ R7。根据选定的输入/输出设备分配 PLC 地址如下:

　　输入部分:X0——启动按钮;

　　　　　　　X1——L1;

　　　　　　　X2——L2;

　　　　　　　X3——L3;

　　　　　　　X4——T;

　　　　　　　X5——停止按钮。

　　输出部分:Y0——电磁阀 YV1;

　　　　　　　Y1——电磁阀 YV2;

　　　　　　　Y2——电磁阀 YV3;

　　　　　　　Y3——电磁阀 YV4;

　　　　　　　Y4——电动机接触器 KM;

　　　　　　　Y5——加热器 H。

　　根据上述分配的地址,绘制 I/O 接线图,如图 6-12 所示。

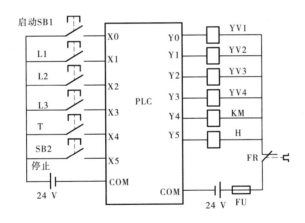

图 6-12　多种液体自动混合控制 I/O 接线图

(二)选择 PLC

　　根据输入/输出点数选择 PLC;输入 $6 \times (1 + 0.15) = 6.9$,输出 $6 \times (1 + 0.15) = 6.9$,输入点数大于等于 7,输出点数大于等于 7,综合考虑可选择输入 8 个点、输出 6 个点的 FP0 – C14 的 PLC(FP0 – C10 含扩展单元)。

(三)写功能表图

　　根据分析两种液体自动混合的动作要求写出功能表图,如图 6-13 所示。

(四)写出逻辑表达式

　　根据多种液体自动混合控制功能表图写出逻辑表达式如下:

　　$R0 = (X0 + R0) \cdot \overline{X3}$

　　$R1 = (R0 \cdot X3 + R1) \cdot \overline{X2}$

　　$R2 = (R1 \cdot X2 + R2) \cdot \overline{X1}$

　　$R3 = (R2 \cdot X1 + R3) \cdot \overline{T0}$

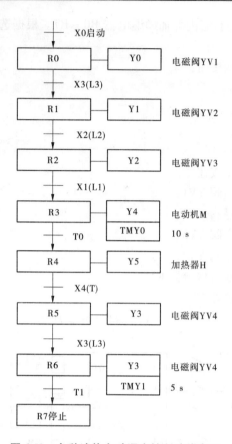

图 6-13　多种液体自动混合控制功能表图

$R4 = (R3 \cdot T0 + R4) \cdot \overline{X4}$

$R5 = (R4 \cdot X4 + R5) \cdot \overline{X3}$

$R6 = (R5 \cdot \overline{X3} + R6) \cdot \overline{T1}$

$R7 = R6 \cdot T1 + R7$

$Y0 = R0$

$Y1 = R1$

$Y2 = R2$

$Y3 = R5 + R6$

$Y4 = R3$

$Y5 = R4$

注意:定时器有内部辅助继电器 R3、R6 分别驱动 TMY1、TMY2。

R7 停止状态,X5 紧急停止按钮。

(五)画梯形图

根据逻辑表达式画出梯形图,如图 6-14 所示。

(六)程序调试

用普通微型计算机或手持编程器均可输入程序进行调试,用微型计算机调试时,还需要有配套的编程软件,松下软件 FPWIN GR 编程软件写出的梯形图如图 6-14 所示。

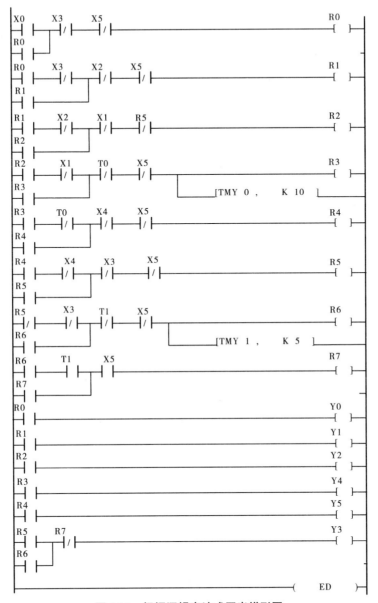

图 6-14 根据逻辑表达式画出梯形图

按照图 6-12 所示的输入/输出接线图,接好各信号线、电源线以及通信电缆后,写入程序便可以观察运行效果。如果与控制要求不符,先看 PLC 的输入/输出端子上相应的信号指示是否正确,若信号指示正确,就说明程序是对的,需要检查外部接线是否正确、负载电源是否正常工作等。若 PLC 的输入/输出端子信号指示不正确,就需要检查和修改程序。根据控制要求调试程序时,R0 常开触点和 X3 常开触点同时工作时 R1 线圈工作,由于是功能表状态工作,所以可以不考虑 R0 常开触点,只使用 X3 常开触点就可以。注意错误信号产生错误的输出,因此需要在程序中增加一些互锁环节(在控制系统中,进料、搅拌、加热器加热时,不允许打开排料阀),为了提高捕捉信号的灵敏度,使用 DF 指令。反复修改、调试,直到正常按要求运行,程序如图 6-15 所示。

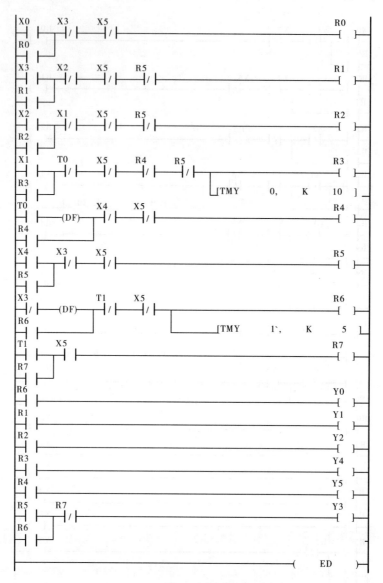

图 6-15　多种液体自动混合控制梯形图

四、知识拓展:功能表图的基本结构和基本控制指令

(一)功能表图的基本结构形式

1. 功能表图的基本结构

功能表图的基本结构形式为单序列、选择序列和并行序列,如图 6-11 所示,有时一张功能表图采用了多种结构形式组成。

1)单序列

相关知识已经讲过,在此不作陈述。

2)选择序列

如图 6-16(a)所示,水平有向连线以上的工步 X2 为活动步,控制过程的进展有工步

X3、X4 和 X5 可供选择,即 X3、X4 和 X5 为使能步。在水平有向连线之下设分支,选择序列的开始是分支,用与进展相同数量的转换 b、c、d 决定进展的路线。如果只选择一个序列,则同一个时刻与若干个序列相关的转换条件中只能有一个转换条件为真,如 c = 1,工步 X4 被激活,X3 和 X5 停止。

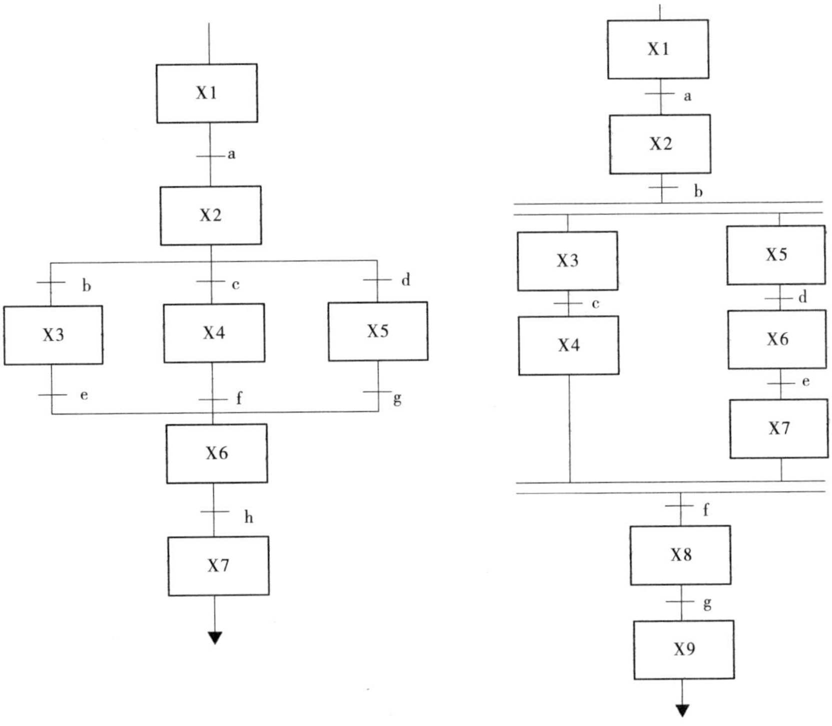

(a)　(b)

图 6-16　选择序列

选择序列的结束是合并,用一根水平有向连线合并各分支,把若干个序列汇合到一个公共序列。在合并处,水平有向连线以上要设置与需要合并的序列相同数量的转换,如转换 e、f、和 g。若 X4 为活动步,需要发生从 X4 到 X6 的进展,转换条件 f = 1 为真。若步 X5 为活动步,且转换条件 g = 1 为真,则发生步 X5 到步 X6 的进展。

图 6-16(a)各步的布尔表达式:

分支处 $X2 = (X1 \cdot a + X2) \cdot \overline{a + b + c} = (X1 \cdot a + X2) \cdot \bar{b} \cdot \bar{c} \cdot \bar{d}$

$= (X1 \cdot a + X2) \cdot \overline{X3 + X4 + X5} = (X1 \cdot a + X2) \cdot \overline{X3} \cdot \overline{X4} \cdot \overline{X5}$

$X5 = (X2 \cdot d + X5) \cdot \bar{g} = (X2 \cdot d + X5) \cdot \overline{X6}$

合并处 $X6 = (X3 \cdot e + X6) \cdot \bar{h} = (X3 \cdot e + X6) \cdot \overline{X7}$

$= (X4 \cdot f + X6) \cdot \bar{h} = (X4 \cdot f + X6) \cdot \overline{X7}$

$= (X5 \cdot f + X6) \cdot \bar{h} = (X5 \cdot f + X6) \cdot \overline{X7}$

3)并行序列

图 6-16(b)转换的实现将导致几个序列同时激活,被同时激活的活动步的进展是彼此独立进行的。并行序列开始和结束都使用双线,表示同步实现,与选择序列相区别。并行序列的开始是分支,双线水平有向连线以上只允许有一个转换符号。只有当工步 X2 处于活

动状态,并且与公共转换相关的转换条件 b = 1 为真时,才会发生从步 X2 到步 X3 和步 X4 的进展。

并行序列的结束是合并,在表示同步的双线水平有向连线之下,只允许设置一个转换符号。只有当直接连在双线水平有向连线之上的所有的步为活动步,如图 6-16(b)中工步 X4 和工步 X7 为活动步,且与转换相关的转换条件 f = 1 为真,才会发生从工步 X4、X7 到工步 X8 的进展。转换实现,工步 X4、X7 同时停止,工步 X8 被激活。

图 3-16(b)各工步的布尔表达式:

分支处　$X2 = (X1 \cdot a + X2) \cdot \overline{b} = (X1 \cdot a + X2) \cdot \overline{X3 + X5} = (X1 \cdot a + X2) \cdot \overline{X3} \cdot \overline{X5}$

$\qquad\quad X3 = (X2 \cdot b + X3) \cdot \overline{c} = (X2 \cdot b + X3) \cdot \overline{X4}$

$\qquad\quad X5 = (X2 \cdot b + X5) \cdot \overline{d} = (X2 \cdot d + X5) \cdot \overline{X6}$

合并处　$X4 = (X3 \cdot c + X4) \cdot \overline{f} = (X2 \cdot c + X4) \cdot \overline{X8}$

$\qquad\quad X7 = (X6 \cdot e + X7) \cdot \overline{f} = (X6 \cdot e + X7) \cdot \overline{X8}$

$\qquad\quad X8 = (X4 \cdot X7 \cdot f + X8) \cdot \overline{g} = (X4 \cdot X7 \cdot f + X8) \cdot \overline{X9}$

2.跳步、重复和循环序列

有的控制过程要求跳过某工步不执行,重复某些工步或循环执行各工步,其功能表图如图 6-17 所示。

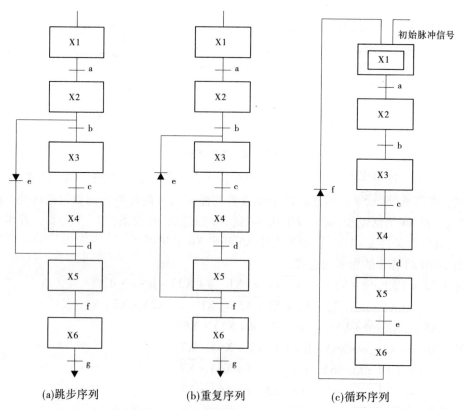

(a)跳步序列　　　(b)重复序列　　　(c)循环序列

图 6-17　跳步、重复和循环序列功能表图

图 6-17(a)的控制过程跳过工步 X3 和工步 X4 不执行,去执行工步 X5。跳步序列实际上是一种特殊的选择序列,工步 X2 以下分支有工步 X3 和工步 X4 供选择,由工步 X2 与工

步 X4 合并到工步 X5。各工步的布尔表达式：

$$X2 = (X1 \cdot a + X2) \cdot \overline{b} \cdot \overline{e} = (X1 \cdot a + X2) \cdot \overline{X3} \cdot \overline{X5}$$

$$X3 = (X2 \cdot b + X3) \cdot \overline{c} = (X2 \cdot b + X3) \cdot \overline{X4}$$

$$X4 = (X2 \cdot e + X4 \cdot d + X5) \cdot \overline{f} = (X2 \cdot e + X4 \cdot d + X5) \cdot \overline{X6}$$

图 6-17(b)，重复执行工步 X3、工步 X4 和工步 X5，当工步 X5 为活动步，转换条件 e = 1，f = 0，进展由工步 X5 到 X3，重复执行工步 X3、X4 和 X5 对应的动作，直至转换条件 e = 0，f = 1 时，才结束重复，由工步 X5 进展到工步 X6。同样地，重复序列也是一种特殊的选择序列，工步 X5 以下分支，有工步 X6 和工步 X3 供选择，只有当各自的转换条件为真，才向相应的步进展。各工步的布尔表达式如下：

$$X2 = (X1 \cdot a + X2) \cdot \overline{X3} = (X1 \cdot a + X2) \cdot \overline{b}$$

$$X3 = (X2 \cdot b + X5 \cdot e + X3) \cdot \overline{X4} = (X2 \cdot b + X5 \cdot e + X3) \cdot \overline{c}$$

$$X6 = (X5 \cdot f + X6) \cdot \overline{g}$$

图 6-17(c) 为循环序列，当工步 X6 为活动步，且转换条件 f = 1 为真时，工步 X6 将进展到工步 X1，循环序列是重复序列的特例。

3. 初始步

每一个功能表至少有一个初始步，如图 6-17(c) 中的工步 X1，用初始步等待控制过程启动信号的到来，初始步对应过程的预备阶段，如组合机床某动力头处于原位、液压泵已超支等控制过程初始状态。对图 6-17(c)，$X1 = (X6 \cdot f + X1) \cdot \overline{X2}$，由于工步 X6 为非活动步，显然第一个工作循环不能启动，解决的方法是在初始步 X1 设置一个启动脉冲信号 L，激活初始步 X1。第一个循环启动后，另加的初始脉冲就不去干扰控制过程的正常运行，通常用控制按钮或专用内部继电器提供初始脉冲信号。加入启动脉冲信号 L 的初始步 X1 的布尔表达式：

$$X1 = (L + X6 \cdot f + X1) \cdot \overline{X2}$$

式中，L 可以用内部继电器、启动按钮等启动脉冲信号。

（二）基本控制指令

控制指令包括结束指令 ED、CNDE，主控指令 MC、MCE，跳转、循环指令 JP、LOOP、LBL，步进指令 NSTP、NSTL、SSTP、CSTP、STPE。这些指令在 PLC 的指令系统占有很重要的地位，它们用来决定程序指令的顺序和流程。用好这类指令，可使程序结构清晰，可读性好，且增加了编程的灵活性。指令的定义、功能和所用触点类型详见表 6-1。

表 6-1　基本控制指令

名称	助记符	步数	说明
结束	ED	1	程序结束
条件结束	CNDE	1	只有当输入条件满足时，才能结束此程序
主控继电器开始	MC	2	当输入条件满足时，执行 MC 到 MCE 间的指令
主控继电器结束	MCE	2	
跳转	JP	2	当输入条件满足时，跳转执行同一编号 LBL 指令后面的指令

续表 6-1

名称	助记符	步数	说明
跳转标记	LBL	1	与 JP 和 LOOP 指令配对使用,标记跳转程序的其实位置
循环跳转	LOOP	4	当输入条件满足时,跳转到同一编号 LBL 指令处,并重复执行 LBL 指令后面的程序,直至指令寄存器中的数减为 0
调子程序	CALL	2	调用指定的子程序
子程序入口	SUB	1	标记子程序的起始位置
子程序返回	RET	1	由子程序返回原主程序
步进开始	SSTP	3	标记第 n 段步进程序的起始位置
脉冲式转入步进	NSTP	3	输入条件接通瞬间(上升沿),转入执行第 n 段步进程序,并将此前的步进过程复位
扫描式转入步进	NSTL	3	输入条件接通后,转入执行第 n 段步进程序,并将此前的步进过程复位
步进清除	CSTP	3	清除与第 n 段步进程序有关的数据
步进结束指令	STPE	1	标记整个步进程序区结束
中断控制	ICTL	5	执行中断的控制命令
中断入口	INT	1	标记中断执行程序的起始位置
中断返回	IRET	1	中断执行程序返回原主程序

本项目主要介绍结束指令跳转、循环指令 JP、LOOP、LBL,步进指令 NSTP、NSTL、SSTP、CSTP、STPE。这些指令在 PLC 的指令系统占有很重要的地位。

1. 跳转指令

JP(Jump)、LBL(Label)分别是跳转和跳转标记指令。其书写格式如图 6-18 所示。

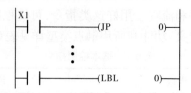

图 6-18   跳转指令格式

书写规定如下:

(1)JP 指令不能直接从母线开始。

(2)LBL 指令必须放在 JP 指令后面。

(3)可以使用多个编号相同的 JP 指令,编号可以是 0~63 以内的任意整数,但不能出现相同编号的 LBL 指令,即允许设置多个跳向一处的跳转点。而且在一对跳转指令之间可以嵌套另一对跳转指令,跳转指令嵌套参见图 6-19。

跳转指令的功能是:当 JP 指令前面的控制触点闭合时,程序不执行 JP 和 LBL 之间的程序,而是跳转到和 JP 相同编号的 LBL 处,执行 LBL 指令下的程序。由于执行跳转指令时,在 JP 和 LBL 之间的指令未被执行,所以可使整个程序的扫描周期变短,如图 6-19、图 6-20 所示。

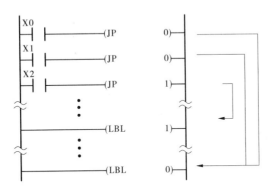

图 6-19　跳转指令嵌套

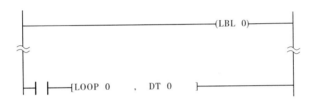

图 6-20　循环指令书写格式

在使用跳转指令时要注意以下几个问题:

(1)当执行跳转指令时,在 JP 和 LBL 之间的定时器 TM 复位、计数器 CT 和左移寄存器 SR 保持原有经过值,不继续工作。

(2)执行跳转指令时,JP 和 LBL 之间的微分指令无效。

不能从结束指令(ED)以前的程序跳转到 ED 以后的程序,也不能从子程序或中断程序中向主程序跳转,反过来也不行。

2. 循环指令

LOOP、LBL 分别是循环指令和循环标记指令。其书写格式如图 6-20 所示。

书写规定如下:

(1)LOOP 和 LBL 指令必须成对使用,且编号 n 应相同。编号可以取 0 ~ 63 中的任意整数。

(2)当需要在程序中同时使用 JP 指令时要注意区分各自的 LBL 编号。避免编号相同。

(3)LBL 指令可以放在 LOOP 指令的上面,也可以放在 LOOP 指令的下面。

循环指令的功能是当 LOOP 指令前面的控制触点闭合时,程序反复执行 LOOP 和 LBL 之间的程序,每执行一次,数据寄存器 DT0 中的内容减 1,直到 DT0 中的内容为 0,循环停止。

使用循环指令时要注意以下几个问题:

(1)虽然 LBL 指令放在 LOOP 指令的前后不限,但其各自的工作过程有所不同,尤其当含有定时器、计数器和移位寄存器时,情况就更复杂,希望读者仔细推敲。

(2)当 LBL 指令位于 LOOP 指令的上面时,执行循环指令的整个过程都是在一个扫描周期完成的,所以整个循环过程不可太长,否则会因扫描周期变长,影响 PLC 的响应速度,有时甚至会出现控制错误。

3. 步进指令

SSTP:指定步进程序的开始。

NSTP:启动指定的步进程序。当检测到触发器的上升沿时,执行 NSTP。

NSTL:启动指定步进程序。若触发器闭合,则每次扫描都执行 NSTL。NSTL 指令可用于 CPU 版本为 4.0 或更高的 FP3,以及 CPU 版本为 2.0 或更高的 FP – M 和 FP1。

CSTP:将指定的过程复位。

STPE:指定步进程序区的结束。

使用步进指令时需要注意以下几个问题:

(1)当 NSTP 或 NSTL 前面的触点闭合时执行该指令,使程序转入下一段步进程序。此时,PLC 将前面程序所用过的数据区清除,输出关断,定时器复位。但二者的使用条件是不同的:NSTP 只在触点由断到通的一瞬间即上升沿时执行;而 NSTL 则只要其前面的触点是闭合的就执行。

(2)SSTP 指令表示开始启用一段步进程序;CSTP 表示步进清除,当最后一段步进程序执行完后,使用这条指令可自动清除数据区,输出关断,定时器复位;STPE 指令表示步进结束,执行到该指令即结束整个步进过程。

(3)尽管每个步进程序段的程序都是相对独立的,但在各段程序中所用的输出继电器、内部继电器、定时器、计数器等都不允许出现相同编号,否则按出错处理。

用步进指令可以实现多种控制,如顺序控制(见图 6-11)、选择分支控制(见图 6-16(a))、并行分支控制(见图 6-16(b))等。

(4)标志状态:在刚刚打开一个步进过程的第一个扫描周期,R9015 只接通一瞬间,若使用 R9015,应将 R9015 写在步进过程的开头。

程序示例如图 6-21 所示。

五、项目评价

1. 学生讨论

2. 总结

(1)领会功能表图设计方法的思想,根据控制要求按照步骤设计程序。

(2)在调试过程中,充分考虑各种各样的条件制约关系,在线监控调试,按照"能流"的过程反复调试,直至按要求运行。

3. 思考与练习

(1)使用功能表图设计一工业用洗衣机,其工作顺序如下:

①启动按钮后给水阀就开始给水;当水到水满传感器时就停止给水;

②正转 5 s→反转 5 s→正转 5 s→…→共转 5 min

③出水阀开始出水;

④出水 10 s 后停止出水,同时声光报警器报警,叫工作人员来取衣服;

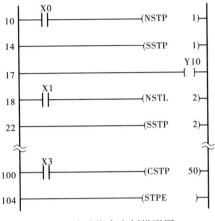

(a)步进指令实例梯形图

10	ST	X0
11	NSTP	1
14	SSTP	1
17	OT	Y10
18	ST	X1
19	NSTL	2
22	SSTP	2
⋮	⋮	
100	ST	X3
101	CSTP	50
104	STPE	

(b)步进指令实例指令程序

图 6-21　步进指令实例

⑤按停止按钮声光报警器停止,并结束整个工作过程。

(2)使用步进指令设计多种液体自动混合控制。

(3)使用步进指令设计三自由度机械手控制系统的设计。

控制要求:

①在初始位置(上、左、松限位开关确定)处,按下启动按钮,系统开始工作。

②机械手首先向下运动,运动到最低位置停止。

③机械手开始夹紧工件,直到把工件夹紧(由定时器控制)。

④机械手开始向上运动,一直运动到最上端(由上限位开关确定)。

⑤上限位开关闭合后,机械手开始向右运动。

⑥运行到右端后,机械手开始向下运动。

⑦向下到位后,机械手把工件松开,直到松限位开关有效(由松限位开关控制)。

⑧工件松开后,机械手开始向上运动,直至触动上限位开关(上限位开关控制)。

⑨到达最上端后,机械手开始向左运动,直到触动左限位开关,此时机械手已回到初始位置。

⑩要求实现连续循环工作。

⑪正常停车时,要求机械手回到初始位置时才能停车。

⑫按下急停按钮时,系统立即停止。

要求设计程序完成上述控制要求。

习　题

6-1　使用传送机,将大、小球分类后分别传送到系统。

左上为原点,按启动按钮 SB1 后,其动作顺序为:下降→ 吸收(延时 1 s)上升 →右行→下降→ 释放(延时 1 s)→ 上升 → 左行。

其中:LS1:左限位;LS3:上限位; LS4:小球右限位; LS5:大球右限位; LS2:大球下限位;LS0:小球下限位

注意:机械臂下降时,吸住大球,则下限位 LS2 接通,然后将大球放到大球容器中。

若吸住小球,则下限位 LS0 接通,然后将小球放到小球容器中。

请:①设计 I/O;②画梯形图;③写出指令系统。

6-2　设计一个汽车库自动门控制系统,具体控制要求:当汽车到达车库门前,超声波开关接收到车来的信号,开门上升;当升到顶点碰到上限开关时,门停止上升;当汽车驶入车库后,光电开关发出信号,门电动机反转,门下降;当下降碰到下限开关后门电动机停止。试画出输入输出设备与 PLC 的接线图,设计出梯形图程序并加以调试。

6-3　六盏灯正方向顺序全通,反方向顺序全灭控制。

要求:按下启动信号 X0,六盏灯(Y0 ~ Y5)依次都亮,间隔时间为 1 s;按下停车信号 X1,灯反方向(Y5 ~ Y0)依次全灭,间隔时间为 1 s;按下复位信号 X2,六盏灯立即全灭。

6-4　设计一工作台自动往复控制程序。

要求:正反转启动信号 X0、X1,停车信号 X2,左右限位开关 X3、X4,输出信号 Y0、Y1。具有电气互锁和机械互锁功能。

6-5　设计钻床主轴多次进给控制。

要求:该机床进给由液压驱动。电磁阀 DT1 得电主轴前进,失电后退。同时,还用电磁阀 DT2 控制前进及后退速度,得电快速,失电慢速。其工作过程为:

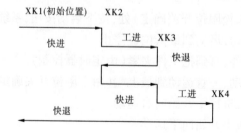

6-6　六盏灯单通循环控制。

要求:按下启动信号 X0,六盏灯(Y0 ~ Y5)依次循环显示,每盏灯亮 1 s。按下停车信号X1,灯全灭。

6-7 气压成型机控制。

要求:开始时,冲头处在最高位置(XK1 闭合)。按下启动按钮,电磁阀1DT 得电,冲头向下运动,触到行程开关 XK2 时,1DT 失电,加工5 s 时间。5 s 后,电磁阀2DT 得电,冲头向上运动,直到触到行程开关 XK1 时,冲头停止。按下停车按钮,要求立即停车。

启动信号 X0,停车信号 X1,XK1(X2),XK2(X3),1DT(Y0),2DT(Y1)。

6-8 圆盘旋转计数、计时控制。

要求:按下启动信号 X0,圆盘开始旋转,输出 Y0,转动一周(8 个脉冲,信号 X2),停1 s,再旋转,如此重复,按下停止信号 X1,圆盘立即停止。

6-9 物料传送系统控制。

要求:如图 6-22 所示为两组带机组成的原料运输自动化系统,该自动化系统启动顺序为:盛料斗 D 中无料,先启动带机 C,5 s 后,再启动带机 B,经过7 s 后再打开电磁阀 YV,该自动化系统停机的顺序恰好与启动顺序相反。试完成梯形图设计。

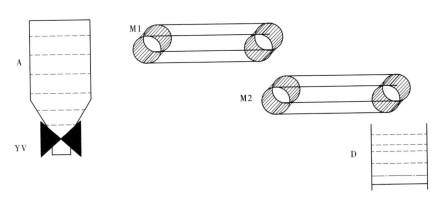

图 6-22

6-10 十字路口交通灯控制系统。

要求:按下启动按钮,东西方向红灯亮,同时南北方向绿灯亮7 s,随后南北方向绿灯闪烁3 s,之后南北方向黄灯亮2 s;紧接着南北方向红灯亮,东西方向绿灯亮7 s,随后东西方向绿灯闪烁3 s,之后东西方向黄灯亮2 s,实现一个循环。如此循环,实现交通灯的控制。按下停止按钮,交通灯立即停止工作。

6-11 送料小车控制系统(见图 6-23)。

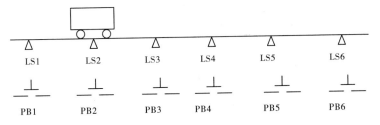

图 6-23

要求:小车有左行、右行、停车三种运动状态。在现场有六个要求小车停止的位置,即行程开关 LS1~LS6,控制台有六个相应的请求停止信号 PB1~PB6 分别与每个行程开关相对应,并且当小车不在指定位置时,发出故障报警,不允许系统运行。系统还有一个启动按钮和一个停止按钮。

6-12 物流检测系统。

要求:图 6-24 是一个物流检测系统示意图,图中三个光电传感器为 BL1、BL2、BL3。BL1 检测有无次品到来,有次品到则"ON"。BL2 检测凸轮的突起,凸轮每转一圈,则发一个移位脉冲,因为物品的间隔是一定的,故每转一圈就有一个物品的到来,所以 BL2 实际上是一个检测物品到来的传感器。BL3 检测有无次品落下,手动复位按钮 SB1 图中未画出。当次品移到第 4 位时,电磁阀 YV 打开使次品落到次品箱。若无次品则正品移到正品箱。于是完成了正品和次品分开的任务。

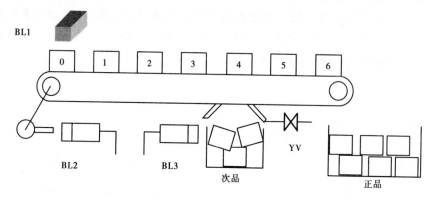

图 6-24

(1)完成程序设计。

(2)在机器上调试出来。

6-13 炉温控制系统。

要求:假定允许炉温的下限值放在 DT1 中,上限值放在 DT2 中,实测炉温放在 DT10 中,按下启动按钮,系统开始工作,低于下限值加热器工作,高于上限值停止加热,上、下限之间维持。按下停止按钮,系统停止。试设计该系统。

6-14 三自由度机械手控制系统的设计。

控制要求:

(1)在初始位置(上、左、松限位开关确定)处,按下启动按钮,系统开始工作。

(2)机械手首先向下运动,运动到最低位置停止。

(3)机械手开始夹紧工件,直到把工件夹紧(由定时器控制)。

(4)机械手开始向上运动,一直运动到最上端(由上限位开关确定)。

(5)上限位开关闭合后,机械手开始向右运动。

(6)运行到右端后,机械手开始向下运动。

(7)向下到位后,机械手把工件松开,直到松限位开关有效(由松限位开关控制)。

(8)工件松开后,机械手开始向上运动,直至触动上限位开关(上限位开关控制)。

(9)到达最上端后,机械手开始向左运动,直到触动左限位开关,此时机械手已回到初始位置。

(10)要求实现连续循环工作。

（11）正常停车时，要求机械手回到初始位置时才能停车。

（12）按下急停按钮时，系统立即停止。

要求设计程序完成上述控制要求。

6-15　自动钻床控制系统。

控制要求：

（1）按下启动按钮，系统进入启动状态。

（2）当光电传感器检测到有工件时，工作台开始旋转，此时由计数器控制其旋转角度（计数器计满 2 个数）。

（3）工作台旋转到位后，夹紧装置开始夹工件，直到夹紧限位开关闭合。

（4）工件夹紧后，主轴电机开始向下运动，一直运动到工作位置（由下限位开关控制）。

（5）主轴电机到位后，开始进行加工，此时用定时 5 s 来描述。

（6）5 s 后，主轴电机回退，夹紧电机后退（分别由后限位开关和上限位开关来控制）。

（7）工作台继续旋转由计数器控制其旋转角度（计数器计满 2 个）。

（8）旋转电机到位后，开始卸工件，由计数器控制（计数器计满 5 个）。

（9）卸工件装置回到初始位置。

（10）如再有工件到来，重复上述过程。

（11）按下停车按钮，系统立即停车。

要求设计程序完成上述控制要求。

项目七　　PLC 高级指令应用

　　高级指令均为扩展功能指令,有 F 和 P 两种类型。F 型是当触发信号闭合时,每个扫描周期都执行的指令;而 P 型是当检测到触发信号闭合的上升沿时执行一次,实际等效于触发信号 DF 指令和 F 型指令相串联,因此 P 型指令很少应用。每个指令代码都是由大写 F 或 P 和序号组成的(高级指令的序号是分类编排的),功能号主要用于输入高级指令。

　　高级指令的内容很多,而同一类指令的功能和用法却大同小异。下面按项目所涉及的指令进行介绍。

■ 子项目一　　行车方向控制

一、项目目标

　　通过本项目的学习,学生能够掌握传送指令和比较指令的有关知识。会应用传送指令 F0、F1、F2、F3、F5、F6、F10、F11、F15、F16、F17 和比较指令 F60、F62 和 F64 进行梯形图编程,能灵活地将传送指令和比较指令应用于各种控制中。掌握部分特殊内部继电器 R9010、R901A、R901B 和 R900C 的功能及应用。

二、项目准备

(一)项目分析

　　某车间有五个工作台,小车往返于工作台之间运料,每个工作台有一个到位开关(SQ)和一个呼叫开关(SB)。

　　运行要求:①小车初始时应停在五个工作台任意一个到位开关位置上。

　　②设小车现在停于 m 号工作台(此时 STm 动作)。这时 n 号工作台呼叫(STn 动作)。若 $m > n$,小车左行,直至 STn 动作到位停车;若 $m < n$,小车右行,直至 STn 动作到位停车;若 $m = n$,小车原地不动。

(二)相关知识:传送指令

　　数据传送指令(F0 ~ F17)包括单字、双字传送,bit 位、digit 位传送,块传送或复制以及数据在寄存器之间交换等指令。

　　1. F0(MV)数据传送指令

　　形式:

　　　　[F0 MV , S, D]

　　　　[P0 PMV, S, D]

　　说明:传送指定区域的 16 bit 数据。

　　(S)→(D)

允许指定存储区类型

　　S:WX,WY,WR,WL,SV,EV,DT,LD,FL,IX,IY,常数K,常数H

　　　允许索引寄存器修饰

　　D:WY,WR,WL,SV,EV,DT,LD,FL,IX,IY

　　　允许索引寄存器修饰

步数:5

【例7-1】　单字数据传送。

```
0 ┤X2├─[F0   MV   ,  EV 0   ,   DT 0      ]
```

程序功能:当X2接通时,将定时器经过值寄存器EV0的内容传送到数据寄存器DT0。

2. F1(DMV)数据传送指令

形式:

　　[F1 DMV , S, D]

　　[P1 PDMV, S, D]

说明:传送指定区域的32 bit 数据。

　　　(S+1,S)→(D+1,D)

允许指定存储区类型

　　S:WX,WY,WR,WL,SV,EV,DT,LD,FL,IX,IY,常数K,常数H

　　　允许索引寄存器修饰

　　D:WY,WR,WL,SV,EV,DT,LD,FL,IX,IY

　　　允许索引寄存器修饰

步数:7

【例7-2】　双字传送。

```
0 ┤X2├─[F1 DMV   ,  WR 0   ,   DT 0      ]
```

程序功能:当触发信号X2接通时,内部继电器WR1、WR0的内容传送到内部数据存储器DT1、DT0中。如果低16位区指定为(S,D),则高位自动指定为(S+1,D+1)。

3. F60 CMP :16 bit 数据比较

　　P60 PCMP :16 bit 数据比较

形式:

　　[F60 CMP,S1, S2]

　　[P60 PCMP,S1, S2]

说明:比较指定的2个16 bit 数据,将判定结果输出到特殊内部继电器。

(S1) > (S2) → R900A : ON

(S1) = (S2) → R900B : ON

(S1) < (S2) → R900C : ON

允许指定存储区类型

　　S1: WX,WY,WR,WL,SV,EV,DT,LD,FL,IX,常数K,常数H

允许索引寄存器修饰

S2：WX，WY，WR，WL，SV，EV，DT，LD，FL，IX，常数 K，常数 H

允许索引寄存器修饰

步数：5

4.部分特殊内部继电器

1）R9010

常闭继电器。

始终置 ON。

2）R900A

> 标志

执行比较指令后，如果比较结果为大，该标志为 ON。

3）R900B

= 标志

执行比较指令后，如果比较结果为相等，该标志为 ON。

执行运算指令后，如果运算结果为 0，该标志为 ON。

4）R900C

< 标志

执行比较指令后，如果比较结果为小，该标志为 ON。

三、项目实施

(一)选择输入输出设备,分配 I/O 地址,绘制 I/O 接线图

输入：运行　X0　　　　　　　　输出：停车 Y0；

ST1　X1；　　SB1　X6　　　　　　左行 Y1；

ST2　X2；　　SB2　X7　　　　　　右行 Y2

ST3　X3；　　SB3　X8

ST4　X4；　　SB4　X9

ST5　X5；　　SB5　SA

行车方向控制输入/输出接线图如图 7-1 所示。

(二)设计 PLC 控制程序

1.行车方向控制梯形图

图 7-2 所示为行车方向控制梯形图。

程序说明：

（1）DT0 中存放到位开关（SQ）的号码，DT1 中存放呼叫开关（SB）的号码。DT0 中的数据大于 DT1 中的数据时，则小车左行，反之则右行。

（2）初始时小车应停在某一到位开关处，否则小车不能启动。

此例中的编程技巧：

（1）利用传送指令进行位置和呼叫号的存储。

（2）利用比较指令实现行车方向判断。

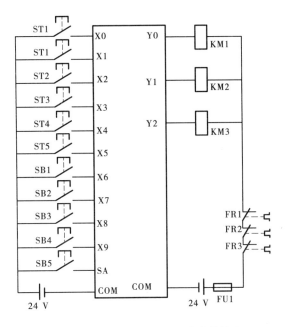

图 7-1　行车方向控制输入/输出接线图

2. 指令代码

行车方向控制指令如图 7-3 所示。

（三）程序调试

用普通微型计算机或手持编程器均可输入程序进行调试,用微型计算机调试时,或还需要有配套的编程软件,松下软件 FPWIN GR 编程软件写出的梯形图。

按照图 7-1 所示的输入/输出接线图,接好各信号线、电源线以及通信电缆后,写入程序便可以观察运行效果。如果与控制要求不符,先看 PLC 的输入/输出端子上相应的信号指示是否正确,若信号指示正确,就说明程序是对的,需要检查外部接线是否正确、负载电源是否正常工作等。若 PLC 的输入/输出端子信号指示不正确,就需要检查和修改程序,反复修改、调试,直到正常按要求运行。

四、知识拓展

（一）F2　MV/:16 bit 数据求反传送
　　　P2　MV/:16 bit 数据求反传送

形式:

　　　[F2 MV/ , S, D]

　　　[P2 PMV/, S, D]

说明:将指定区域的 16 bit 数据求反后传送。

　　　(S)→(D)

允许指定存储区类型

　　S：WX,WY,WR,WL,SV,EV,DT,LD,FL,IX,IY,常数 K,常数 H

　　　允许索引寄存器修饰

　　D：WY,WR,WL,SV,EV,DT,LD,FL,IX,IY

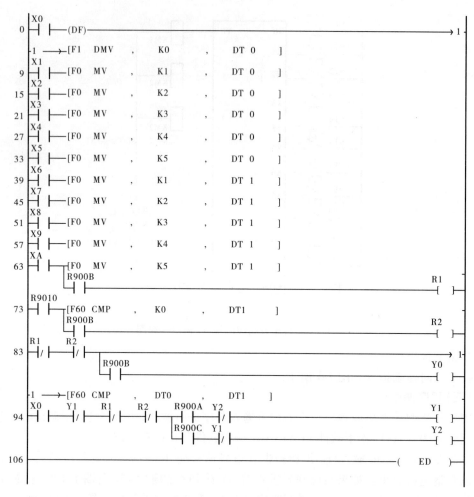

图 7-2　行车方向控制梯形图

　　允许索引寄存器修饰

步数:5

(二) F3　MV/:32 bit **数据求反传送**

　　P3　MV/:32 bit **数据求反传送**

形式:

　　　[F3 DMV/ , S, D]

　　　[P3 PDMV/, S, D]

说明:将指定区域的 32 bit 数据求反后传送。

　　　(S)→(D)

允许指定存储区类型

　　S: WX,WY,WR,WL,SV,EV,DT,LD,FL,IX,IY,常数 K,常数 H

　　　允许索引寄存器修饰

　　D: WY,WR,WL,SV,EV,DT,LD,FL,IX,IY

　　　允许索引寄存器修饰

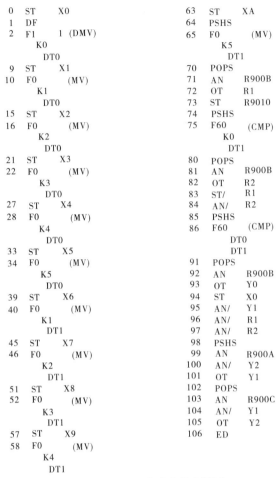

0	ST	X0	63	ST	XA
1	DF		64	PSHS	
2	F1	1 (DMV)	65	F0	(MV)
		K0			K5
		DT0			DT1
9	ST	X1	70	POPS	
10	F0	(MV)	71	AN	R900B
		K1	72	OT	R1
		DT0	73	ST	R9010
15	ST	X2	74	PSHS	
16	F0	(MV)	75	F60	(CMP)
		K2			K0
		DT0			DT1
21	ST	X3	80	POPS	
22	F0	(MV)	81	AN	R900B
		K3	82	OT	R2
		DT0	83	ST/	R1
27	ST	X4	84	AN/	R2
28	F0	(MV)	85	PSHS	
		K4	86	F60	(CMP)
		DT0			DT0
33	ST	X5			DT1
34	F0	(MV)	91	POPS	
		K5	92	AN	R900B
		DT0	93	OT	Y0
39	ST	X6	94	ST	X0
40	F0	(MV)	95	AN/	Y1
		K1	96	AN/	R1
		DT1	97	AN/	R2
45	ST	X7	98	PSHS	
46	F0	(MV)	99	AN	R900A
		K2	100	AN/	Y2
		DT1	101	OT	Y1
51	ST	X8	102	POPS	
52	F0	(MV)	103	AN	R900C
		K3	104	AN/	Y1
		DT1	105	OT	Y2
57	ST	X9	106	ED	
58	F0	(MV)			
		K4			
		DT1			

图 7-3　行车方向控制指令

步数:7

(三)F5(BIM):位传送指令

形式:

　　[F5 BTM, S, n, D]

　　[P5 PBTM, S, n, D]

说明:将 S 中的任意 1 bit 传送到 D 中的任意 1 bit。各 bit 由 n 指定。

允许指定存储区类型

　　S：WX,WY,WR,WL,SV,EV,DT,LD,FL,IX,IY,常数 K,常数 H

　　　　允许索引寄存器修饰

　　n：WY,WR,WL,SV,EV,DT,LD,FL,IX,IY,常数 K,常数 H

　　　　允许索引寄存器修饰

　　D：WY,WR,WL,SV,EV,DT,LD,FL,IX,IY

　　　　允许索引寄存器修饰

步数:7

【例 7-3】　16 位数据的位传送(一位)。

```
   X0
0 ├─┤ ├──[F5  BTM  , DT0    , H E04    , DT1      ]
```

程序功能:当触发信号 X0 接通时,数据寄存器 DT0 位址为 4 的数据被传送到数据寄存器 DT1 的位址为 E 的位上。

(四)F6(DGT):十六进制数据(digit)传送指令

形式:

　　[F6 DGT,　S,　n,　D]

　　[P6 PDGT, S,　n,　D]

说明:将 S 中的任意 1 digit 传送到 D 中的任意 1 digit。

　　各 digit 由 n 指定。

允许指定存储区类型

　　S:WX,WY,WR,WL,SV,EV,DT,LD,FL,IX,IY,常数 K,常数 H

　　　允许索引寄存器修饰

　　n:WY,WR,WL,SV,EV,DT,LD,FL,IX,IY,常数 K,常数 H

　　　允许索引寄存器修饰

　　D:WY,WR,WL,SV,EV,DT,LD,FL,IX,IY

　　　允许索引寄存器修饰

步数:7

【例 7-4】　16 位数据的多位传送。

```
   X0
0 ├─┤ ├──[F6  DGT , DT100   , H 0    , WY0      ]
```

程序功能:当触发信号 X0 接通时,数据寄存器 DT100 的十六进制第 0 位的内容被传送到外部输出字继电器 WY0 的十六进制第 0 位。

(五)F10(BKMV) 区块传送指令

形式:

　　[F10 BKMV, S1,S2,D]

　　[P10 PBKMV,S1,S2,D]

说明:将 S1~S2 的数据传送到以 D 为起始地址的区域中。

允许指定存储区类型

　　S1:WX,WY,WR,WL,SV,EV,DT,LD,FL

　　　　允许索引寄存器修饰

　　S2:WX,WR,WL,SV,EV,DT,LD,FL

　　　　允许索引寄存器修饰

　　D:WY,WR,WL,SV,EV,DT,LD,FL

　　　允许索引寄存器修饰

步数:7

【例 7-5】　区块传送。

```
0  ├─┤X0 ├─[F10 BKMV ,  WR0  ,  WR3  ,  DT1  ]
```

程序功能:当触发信号 X0 接通时,数据块中从内部字继电器 WR0 ~ WR3 的数据传送到从数据寄存器 DT1 起始的数据区中。

(六)F11(COPY):块传送指令

形式:

　　[F11 COPY,　S, D1, D2]

　　[P11 PCOPY, S, D1, D2]

说明:将 S 中的数据复制到 D1 ~ D2 的全部区域。

允许指定存储区类型

　　S:WX,WY,WR,WL,SV,EV,DT,LD,FL,IX,IY,常数 K,常数 H

　　　允许索引寄存器修饰

　　D1:WY,WR,WL,SV,EV,DT,LD,FL

　　　允许索引寄存器修饰

　　D2:WY,WR,WL,SV,EV,DT,LD,FL

　　　允许索引寄存器修饰

步数:7

(七)F15　XCH:16 bit **数据交换**

　　P15　XCH:16 bit **数据交换**

形式:

　　[F15 XCH,　D1, D2]

　　[P15 PXCH, D1, D2]

说明:交换 2 个区域中的 16 bit 数据。

(D1)→(D2),(D2)→(D1)

允许指定存储区类型

　　D1:WY,WR,WL,SV,EV,DT,LD,FL,IX,IY

　　　允许索引寄存器修饰

　　D2:WY,WR,WL,SV,EV,DT,LD,FL,IX,IY

　　　允许索引寄存器修饰

步数:5

(八)F16　DXCH:32 bit **数据交换**

　　P16　PDXCH:32 bit **数据交换**

形式:

　　[F16 XCH,　D1, D2]

　　[P16 PXCH, D1, D2]

说明:交换 2 个区域中的 32 bit 数据。

　　(D1 + 1, D1)→(D2 + 1, D2)

　　(D2 + 1, D2)→(D1 + 1, D1)

允许指定存储区类型

　　D1：WY,WR,WL,SV,EV,DT,LD,FL,IX

　　　　允许索引寄存器修饰

　　D2：WY,WR,WL,SV,EV,DT,LD,FL,IX

　　　　允许索引寄存器修饰

步数:5

（九）F17(SWAP):16 位数据中高/低字节互换指令

形式:

　　　　[F17 SWAP,　D]

　　　　[P17 PSWAP, D]

说明:交换 D 的高字节和低字节。

允许指定存储区类型

　　D：WY,WR,WL,SV,EV,DT,LD,FL,IX,IY

　　　　允许索引寄存器修饰

步数:3

【例 7-6】　高低字节互换。

```
0 ─┤ X0 ├───[F17  SWAP              ,      WY 1        ]
```

　　程序功能:当触发信号 X0 接通时,外部输出字寄存器 WY1 高字节(高 8 位)和低字节(低 8 位)互换。例如,指令执行前 WY1 中存储数据为 H04D2,则高低字节互换后 WY1 中的数据为 HD204。

（十）F62　WIN:16 bit 数据区段比较

　　P62　PWIN:16 bit 数据区段比较

形式:

　　　　[F62 WIN,　S1, S2, S3]

　　　　[P62 PWIN, S1, S2, S3]

说明：对带符号的 16 bit 数据进行区段比较,将判定结果输出到特殊内部继电器。

　　　　(S1) > (S3)　　　　　→ R900A：ON

　　　　(S2) ≤ (S1) ≤ (S3)　→ R900B：ON

　　　　(S1) < (S2)　　　　　→ R900C：ON

允许指定存储区类型

　　S1：WX,WY,WR,WL,SV,EV,DT,LD,FL,IX,IY,常数 K,常数 H

　　　　允许索引寄存器修饰

　　S2：WX,WY,WR,WL,SV,EV,DT,LD,FL,IX,IY,常数 K,常数 H

　　　　允许索引寄存器修饰

　　S3：WX,WY,WR,WL,SV,EV,DT,LD,FL,IX,IY,常数 K,常数 H

　　　　允许索引寄存器修饰

步数:7

（十一）F64　BCMP：数据块比较

　　　　P64　PBCMP：数据块比较

形式：

　　　　［F64 BCMP,　S1,S2,S3］

　　　　［P33 PBCMP,S1,S2,S3］

说明：比较以 S2、S3 为起始地址的 2 个数据块是否一致。S1 为控制码。

允许指定存储区类型

　　S1：WX,WY,WR,WL,SV,EV,DT,LD,FL,IX,常数 K,常数 H

　　　　允许索引寄存器修饰

　　S2：WX,WY,WR,WL,SV,EV,DT,LD,FL

　　　　允许索引寄存器修饰

　　S3：WX,WY,WR,WL,SV,EV,DT,LD,FL

　　　　允许索引寄存器修饰

步数：7

注：FP5 控制单元 Ver4.5 以上、FP3 控制单元 Ver4.0 以上支持。

五、项目评价

1．学生讨论

2．总结

（1）掌握传送指令的有关知识,能运用传送指令进行熟练地编程。

（2）掌握特殊内部继电器 R9010、R900A、R900B、R900C 的应用。

3．思考与练习

（1）试用传送指令实现电动机 Y—△减压启动控制。

（2）用三个开关（X1、X2、X3）控制一盏灯 Y0,当三个开关全通或者全断时灯亮,其他情况灯灭。（使用比较指令）

（3）用四个开关控制一盏灯,当四个开关状态相同时灯亮,其他情况灯灭。（使用比较指令）

子项目二　自动售货机控制程序

一、项目目标

　　通过本项目的学习,学生能够掌握 BIN 算术运算、BCD 算术运算、逻辑运算和数据转换的有关知识。会应用 BIN 算术运算指令 F20、F25、F27、F30、F32、F35、F37、F160,BCD 算术运算指令 F41、F46、F51、F53、F56、F58,逻辑运算指令 F65、F66、F67,数据转换指令 F84、F85、F95 进行梯形图编程,能灵活地将这些指令应用于各种控制中。掌握部分特殊内部继电器 R9013 和 R901C 的功能及应用。

二、项目准备

(一)项目分析

此自动售货机可投入 1 元、5 元或 10 元硬币。当投入的硬币总值等于或超过 12 元时，汽水按钮指示灯亮；当投入的硬币总值超过 15 元时，汽水、咖啡按钮指示灯都亮。当汽水按钮指示灯亮时，按汽水按钮，则汽水排出，7 s 后自动停止。汽水排出时，相应指示灯闪烁。当咖啡指示灯亮时，动作同上。若投入的，硬币总值超过所需钱数(汽水 12 元、咖啡 15 元)，找钱指示灯亮。

(二)相关知识:四则运算指令

BIN 算术运算分 16 bit 和 32 bit 两种；BCD 码算术运算分 4 位 BCD 和 8 位 BCD 两种。各种运算指令还分两个操作数和三个操作数两类。

1. F20(+):十六位数相加指令

形式:

$$[F20 +, \quad S, D]$$
$$[P20 P +, S, D]$$

说明:16 bit 数据加法运算。

$$(D) + (S) \rightarrow (D)$$

允许指定存储区类型

　　S：WX,WY,WR,WL,SV,EV,DT,LD,FL,IX,IY,常数 K,常数 H

　　　　允许索引寄存器修饰

　　D：WY,WR,WL,SV,EV,DT,LD,FL,IX,IY

　　　　允许索引寄存器修饰

步数:5

2. F25(-):十六位数相减指令

形式:

$$[F25 -, \quad S, D]$$
$$[P25 P -, S, D]$$

说明:16 bit 数据减法运算。

$$(D) - (S) \rightarrow (D)$$

允许指定存储区类型

　　S：WX,WY,WR,WL,SV,EV,DT,LD,FL,IX,IY,常数 K,常数 H

　　　　允许索引寄存器修饰

　　D：WY,WR,WL,SV,EV,DT,LD,FL,IX,IY

　　　　允许索引寄存器修饰

步数:5

【例 7-7】 十六位数减法。

```
      X0
0 ──┤├──[F25 -        ,   DT 0     ,   DT 2        ]
```

程序功能：当触发信号 X0 接通时，把数据寄存器 DT2 中的内容减去数据寄存器 DT0 的内容，相减的结果存储在数据寄存器 DT2 中。例如，指令执行前 DT2 中存储数据为 K893，DT0 中存储数据为 K453，则相减后 DT2 中的数据为 K441。

3. 部分特殊内部继电器

1）R9013

初始脉冲继电器(ON)：运行(RUN)开始后的第一个扫描周期为 ON，从第二个扫描周期开始变为 OFF。

2）R901C

1 s 时钟脉冲继电器：周期为 1 s 的时钟脉冲。

三、项目实施

(一) 选择输入输出设备，分配 I/O 地址，绘制 I/O 接线图

输入：　　　　　　输出：

X0：1 元投币口　　Y0：咖啡出口

X1：5 元投币口　　Y1：汽水出口

X2：10 元投币口　Y2：咖啡按钮指示灯

X3：咖啡按钮　　　Y3：汽水按钮指示灯

X4：汽水按钮　　　Y7：找钱指示灯

X7：计数手动复位

自动售货机控制输入/输出接线图如图 7-4 所示。

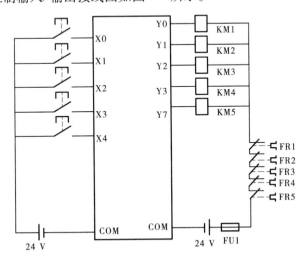

图 7-4　自动售货机控制输入/输出接线图

(二) 设计 PLC 控制程序

1. 梯形图

自动售货机控制梯形图如图 7-5 所示。

程序说明：

(1) 该程序使用了特殊继电器 R9013、R9010 和 R901C。特殊继电器是 PLC 中十分有

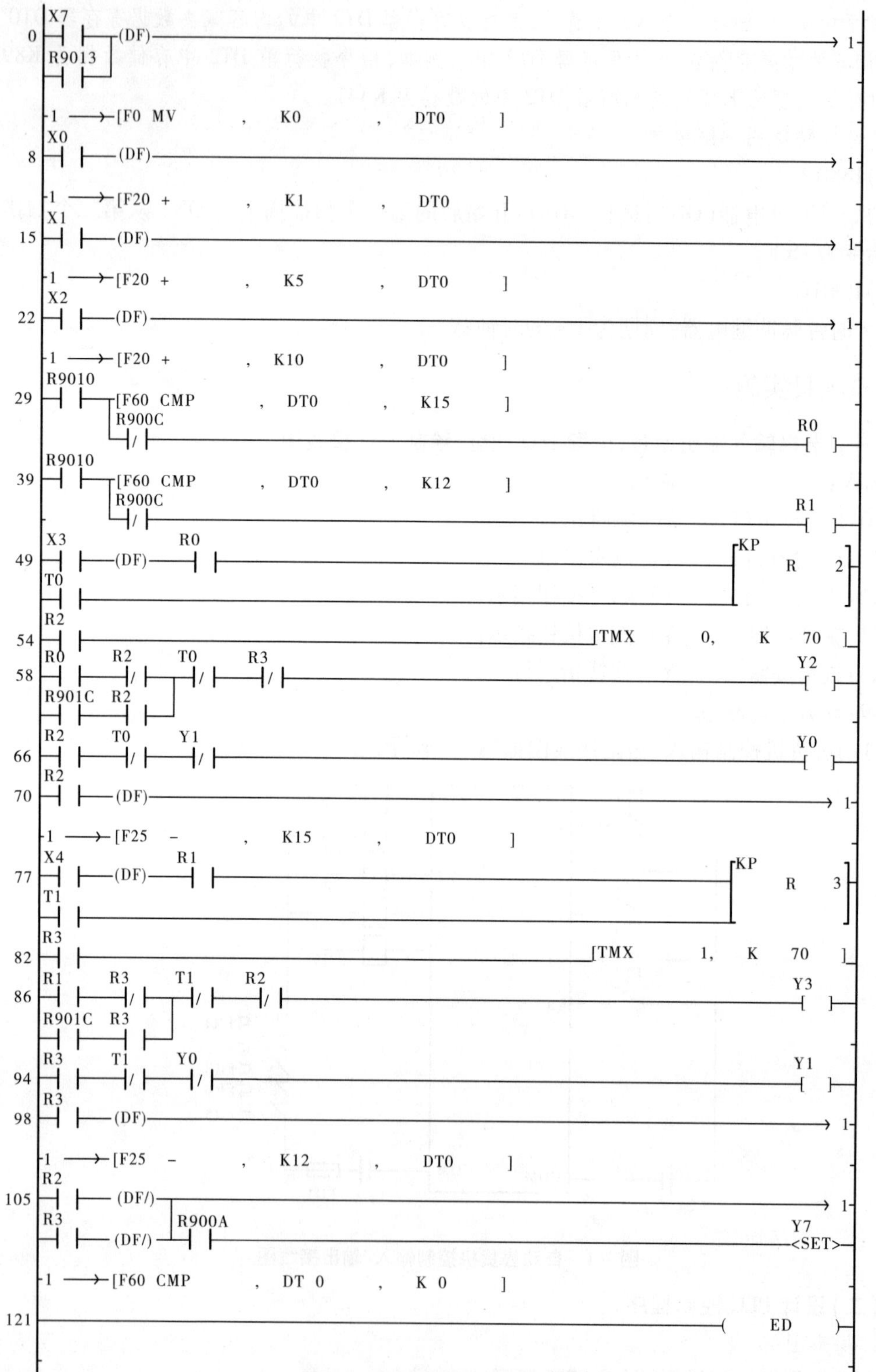

电气控制与 PLC 应用

```
     X7
0  ┤ ├──┬──(DF)──────────────────────────────────────────────→ 1
   R9013│
   ┤ ├──┘

  1 ──→[F0 MV        , K0        , DT0      ]
     X0
8  ┤ ├───(DF)──────────────────────────────────────────────→ 1

  1 ──→[F20 +        , K1        , DT0      ]
     X1
15 ┤ ├───(DF)──────────────────────────────────────────────→ 1

  1 ──→[F20 +        , K5        , DT0      ]
     X2
22 ┤ ├───(DF)──────────────────────────────────────────────→ 1

  1 ──→[F20 +        , K10       , DT0      ]
   R9010
29 ┤ ├──┬─[F60 CMP   , DT0       , K15      ]
        │ R900C                                          R0
        └─┤/├───────────────────────────────────────────( )─

   R9010
39 ┤ ├──┬─[F60 CMP   , DT0       , K12      ]
        │ R900C                                          R1
        └─┤/├───────────────────────────────────────────( )─

     X3        R0                                    KP
49 ┤ ├───(DF)──┤ ├─────────────────────────────────  R   2
     T0
   ┤ ├
     R2
54 ┤ ├──────────────────────────────────[TMX    0,   K  70 ]
     R0    R2   T0   R3                                  Y2
58 ┤ ├──┬─┤/├──┤/├──┤ ├───────────────────────────────( )─
   R901C│R2
   ┤ ├──┴─┤ ├
     R2   T0   Y1                                       Y0
66 ┤ ├──┤/├──┤/├──────────────────────────────────────( )─
     R2
70 ┤ ├───(DF)──────────────────────────────────────────────→ 1

  1 ──→[F25 -        , K15       , DT0      ]
     X4        R1                                    KP
77 ┤ ├───(DF)──┤ ├─────────────────────────────────  R   3
     T1
   ┤ ├
     R3
82 ┤ ├──────────────────────────────────[TMX    1,   K  70 ]
     R1    R3   T1   R2                                  Y3
86 ┤ ├──┬─┤/├──┤/├──┤/├───────────────────────────────( )─
   R901C│R3
   ┤ ├──┴─┤ ├
     R3   T1   Y0                                       Y1
94 ┤ ├──┤/├──┤/├──────────────────────────────────────( )─
     R3
98 ┤ ├───(DF)──────────────────────────────────────────────→ 1

  1 ──→[F25 -        , K12       , DT0      ]
     R2
105┤ ├──(DF/)─────────────────────────────────────────────→ 1
     R3              R900A                               Y7
   ┤ ├──(DF/)──────┤ ├──────────────────────────────<SET>─

  1 ──→[F60 CMP     , DT 0      , K 0      ]

121 ────────────────────────────────────────────────( ED )─
```

图 7-5 自动售货机控制梯形图

用的资源,学会使用它们不但可以节省大量外部资源,有时还可以简化程序。特殊继电器 R9013 是上电初始"ON"继电器,而且只接通一个扫描周期。在程序的初始设置中使用它不但可以省略 DF 指令,还可以节省一个开关。R9010 是上电后常"ON"继电器。R901C 是内部定时时钟脉冲,可以产生周期为 1 s、占空比为 1∶1 的方波脉冲。在程序中常用作秒脉冲定时信号。

（2）该程序还使用了运算指令,如比较指令和加减运算指令,巧妙地实现了投币值累加,货币值多少的判断及找钱等带有一定智能的控制,充分体现了 PLC 的优点,这样的控制换用传统继电器是无法实现的。

2. 指令代码

自动售货机控制指令如图 7-6 所示。

1	OR	R9013		64	AN/	R3
2	DF			65	OT	Y2
3	F0	(MV)		66	ST	R2
		K0		67	AN/	T0
		DT0		68	AN/	Y1
8	ST	X0		69	OT	Y0
9	DF			70	ST	R2
10	F20	(+)		71	DF	
		K1		72	F 25	(−)
		DT0				K15
15	ST	X1				DT0
16	DF			77	ST	X4
17	F20	(+)		78	DF	
		K5		79	AN	R1
		DT0		80	ST	T1
22	ST	X2		81	KP	R3
23	DF			82	ST	R3
24	F20	(+)		83	TMX1	
		K10				K70
		DT0		86	ST	R1
29	ST	R9010		87	AN/	R3
30	PSHS			88	ST	R901C
31	F60	(CMP)		89	AN	R3
		DT0		90	ORS	
		K15		91	AN/	T1
36	POPS			92	AN/	R2
37	AN/	R900C		93	OT	Y3
38	OT	R0		94	ST	R3
39	ST	R9010		95	AN/	R1
40	PSHS			96	AN/	Y0
41	F 60	(CMP)		97	ST	Y1
		DT0		98	ST	R3
		K12		99	DF	
46	POPS			100	F 25	(−)
47	AN/	R900C				K12
48	OT	R1				DT0
49	ST	X3		105	ST	R2
50	DF			106	ST	R3
51	AN	R0		107	ST	R3
52	ST	T0		108	DF/	
53	KP	R2		109	ORS	
54	ST	R2		110	PSHS	
55	TMX0			111	F 60	(CMP)
		K70				DT0
58	ST	R0				K0
59	AN/	R2		116	POPS	
60	ST	R901C		117	AN	R900A
61	AN	R2		118	SET	Y7
62	ORS			121	ED	
63	AN/	T0				

图 7-6　自动售货机控制指令

（三）程序调试

用普通微型计算机或手持编程器均可输入程序进行调试,用微型计算机调试时,或还需要有配套的编程软件,松下软件 FPWIN GR 编程软件的写出梯形图。

按照图 7-4 所示的输入/输出接线图,接好各信号线、电源线以及通信电缆后,写入程序便可以观察运行效果。如果与控制要求不符,先看 PLC 的输入/输出端子上相应的信号指示是否正确,若信号指示正确,就说明程序是对的,需要检查外部接线是否正确、负载电源是否正常工作等。若 PLC 的输入/输出端子信号指示不正确,就需要检查和修改程序,反复修改、调试,直到正常按要求运行。

四、知识拓展

(一)F27:16 bit 减法

形式:

$$[F27 \ - , \quad S1, \ S2, \ D]$$
$$[P27 \ P - , \ S1, \ S2, \ D]$$

说明:16 bit 数据减法运算指令。

$$(S1) - (S2) \rightarrow (D)$$

允许指定存储区类型

S1: WX,WY,WR,WL,SV,EV,DT,LD,FL,IX,IY,常数 K,常数 H
　允许索引寄存器修饰

S2: WX,WY,WR,WL,SV,EV,DT,LD,FL,IX,IY,常数 K,常数 H
　允许索引寄存器修饰

D: WY,WR,WL,SV,EV,DT,LD,FL,IX,IY
　允许索引寄存器修饰

步数:7

(二)F30 ∗:16 bit 乘法

形式:

$$[F30 \quad ∗ , S1, S2, \ D]$$
$$[P30 \ P ∗ , \ S1, \ S2, \ D]$$

说明:16 bit 数据乘法运算。

$$(S1) × (S2) \rightarrow (D + 1, \ D)$$

允许指定存储区类型

S1: WX,WY,WR,WL,SV,EV,DT,LD,FL,IX,IY,常数 K,常数 H
　允许索引寄存器修饰

S2: WX,WY,WR,WL,SV,EV,DT,LD,FL,IX,IY,常数 K,常数 H
　允许索引寄存器修饰

D: WY,WR,WL,SV,EV,DT,LD,FL,IX
　允许索引寄存器修饰

步数:7

(三)F32 %:16 bit 除法

形式:

$$[F32 \quad \% , S1, S2, \ D]$$
$$[P32 \ P\% , \ S1, \ S2, \ D]$$

说明:16 bit 数据除法运算。

$$(S1) ÷ (S2) \rightarrow 商(D)$$
$$余数(DT9015)$$

※FP10/FP10S/FP10SH/FP2/FP2SH 中的余数存放于 DT9015。

允许指定存储区类型

　　S1：WX,WY,WR,WL,SV,EV,DT,LD,FL,IX,IY,常数 K,常数 H

　　　　允许索引寄存器修饰

　　S2：WX,WY,WR,WL,SV,EV,DT,LD,FL,IX,IY,常数 K,常数 H

　　　　允许索引寄存器修饰

　　D：WY,WR,WL,SV,EV,DT,LD,FL,IX,IY

　　　　允许索引寄存器修饰

步数：7

（四）F35（ +1）：十六位数据加 1 指令

形式：

　　　　[F35　+1,　D]

　　　　[P35 P+1, D]

说明：16 bit 数据增 1。

　　　　(D)+1 → (D)

允许指定存储区类型

　　D：WY,WR,WL,SV,EV,DT,LD,FL,IX,IY

　　　　允许索引寄存器修饰

步数：3

（五）F37（ -1）：十六位数据减 1 指令

形式：

　　　　[F37　-1, D]

　　　　[P37 P-1, D]

说明：16 bit 数据减 1。

　　　　(D)-1 → (D)

允许指定存储区类型

　　D：WY,WR,WL,SV,EV,DT,LD,FL,IX,IY

　　　　允许索引寄存器修饰

步数：3

（六）F160 DSQR：2 字（32 bit）数据平方根

形式：

　　　　[F160 DSQR,S, D]

　　　　[P160 PDSQR, S, D]

说明：计算 32 bit 数据的平方根。

　　　　$\sqrt{(S)}$→(D)，小数点以下部分舍去。

允许指定存储区类型

　　S：WX,WY,WR,WL,SV,EV,DT,LD,FL,IX,常数 K,常数 H

　　　　允许索引寄存器修饰

　　D：WY,WR,WL,SV,EV,DT,LD,FL

　　　　允许索引寄存器修饰

步数:7

(七)F41 DB + :8 位 BCD 加法

形式:

　　　　[F41 DB + ,S, D]

　　　　[P41 PDB + , S, D]

说明:8 位 BCD 数据加法运算。

　　　　$(D+1, D) + (S+1, S) \rightarrow (D+1, D)$

允许指定存储区类型

　　S: WX,WY,WR,WL,SV,EV,DT,LD,FL,IX,常数 K,常数 H

　　　　允许索引寄存器修饰

　　D：WY,WR,WL,SV,EV,DT,LD,FL,IX

　　　　允许索引寄存器修饰

步数:7

(八)F46　DB − :8 位 BCD 减法

形式:

　　　　[F46 DB − ,　S, D]

　　　　[P46 PDB − , S, D]

说明:8 位 BCD 数据减法运算。

　　　　$(D+1, D) - (S+1, S) \rightarrow (D+1, D)$

允许指定存储区类型

　　S: WX,WY,WR,WL,SV,EV,DT,LD,FL,IX,常数 K,常数 H

　　　　允许索引寄存器修饰

　　D：WY,WR,WL,SV,EV,DT,LD,FL,IX

　　　　允许索引寄存器修饰

步数:7

(九)F51(DB *)8 位 BCD 数据相乘指令

形式:

　　　　[F51 DB * ,　S1, S2, D]

　　　　[P51 PDB * , S1, S2, D]

说明：8 位 BCD 数据乘法运算。

　　　　$(S1+1, S1) \times (S2+1, S2) \rightarrow (D+3, D+2, D+1, D)$

允许指定存储区类型

　　S1: WX,WY,WR,WL,SV,EV,DT,LD,FL,IX,常数 K,常数 H

　　　　允许索引寄存器修饰

　　S2: WX,WY,WR,WL,SV,EV,DT,LD,FL,IX,常数 K,常数 H

　　　　允许索引寄存器修饰

　　D：WY,WR,WL,SV,EV,DT,LD,FL

　　　　允许索引寄存器修饰

步数:11

（十）F53　DB% :8 位 BCD **除法**

形式：

　　　　［F53 DB% , S1, S2, D］

　　　　［P53 PDB% , S1, S2, D］

说明:8 位 BCD 数据除法运算。

　　　　$(S1 + 1, S1) \div (S2 + 1, S2) \rightarrow$ 商 $(D + 1, D)$

　　　　　　　　　　　　　　　余数 $(DT9016, DT9015)$

　　　※FP10/FP10S/FP10SH/FP2/FP2SH 中的余数存放于 DT9016,DT9015。

允许指定存储区类型

　　S1：WX,WY,WR,WL,SV,EV,DT,LD,FL,IX,常数 K,常数 H

　　　　允许索引寄存器修饰

　　S2：WX,WY,WR,WL,SV,EV,DT,LD,FL,IX,常数 K,常数 H

　　　　允许索引寄存器修饰

　　D：WY,WR,WL,SV,EV,DT,LD,FL

　　　　允许索引寄存器修饰

步数:11

（十一）F56　DB + 1:8 位 BCD **数据增** 1

形式：

　　　　［F56 DB + 1, D］

　　　　［P56 PDB + 1, D］

说明：8 位 BCD 数据增 1。

　　　$(D + 1, D) + 1 \rightarrow (D + 1, D)$

允许指定存储区类型

　　D：WY,WR,WL,SV,EV,DT,LD,FL,IX

　　　　允许索引寄存器修饰

步数:3

（十二）F58　DB - 1:8 位 BCD **数据减** 1

形式：

　　　　［F58 DB - 1, D］

　　　　［P58 PDB - 1, D］

说明：8 位 BCD 数据减 1。

　　　$(D + 1, D) - 1 \rightarrow (D + 1, D)$

允许指定存储区类型

　　D：WY,WR,WL,SV,EV,DT,LD,FL,IX

　　　　允许索引寄存器修饰

步数:3

（十三）F65　WAN:16 bit **数据逻辑与**

形式：

　　　　［F65 WAN, S1, S2, D］

［P65 PWAN, S1, S2, D］

说明:进行 16 bit 数据的与逻辑运算。

　　　　(S1)∧(S2) → (D)

允许指定存储区类型

　　S1：WX,WY,WR,WL,SV,EV,DT,LD,FL,IX,IY,常数 K,常数 H
　　　　允许索引寄存器修饰

　　S2：WX,WY,WR,WL,SV,EV,DT,LD,FL,IX,IY,常数 K,常数 H
　　　　允许索引寄存器修饰

　　D：WY,WR,WL,SV,EV,DT,LD,FL,IX,IY
　　　　允许索引寄存器修饰

步数:7

(十四)F66　WOR:16 bit 数据逻辑或

形式:

　　　　［F66 WOR,　S1, S2, D］
　　　　［P66 PWOR, S1, S2, D］

说明:进行 16 bit 数据的或逻辑运算。

　　　　(S1)∨(S2) → (D)

允许指定存储区类型

　　S1：WX,WY,WR,WL,SV,EV,DT,LD,FL,IX,IY,常数 K,常数 H
　　　　允许索引寄存器修饰

　　S2：WX,WY,WR,WL,SV,EV,DT,LD,FL,IX,IY,常数 K,常数 H
　　　　允许索引寄存器修饰

　　D：WY,WR,WL,SV,EV,DT,LD,FL,IX,IY
　　　　允许索引寄存器修饰

步数:7

(十五)F67　XOR:16 bit 数据逻辑异或

形式:

　　　　［F67 XOR,　S1, S2, D］
　　　　［P67 PXOR, S1, S2, D］

说明:进行 16 bit 数据的异或逻辑运算。

　　　　{(S1)∧NOT(S2)}∨{NOT(S1)∧(S2)} → (D)

允许指定存储区类型

　　S1：WX,WY,WR,WL,SV,EV,DT,LD,FL,IX,IY,常数 K,常数 H
　　　　允许索引寄存器修饰

　　S2：WX,WY,WR,WL,SV,EV,DT,LD,FL,IX,IY,常数 K,常数 H
　　　　允许索引寄存器修饰

　　D：WY,WR,WL,SV,EV,DT,LD,FL,IX,IY
　　　　允许索引寄存器修饰

步数:7

(十六)F84 INV:16 bit 数据求反 = 1 的补码

形式:

　　　　　[F84 INV,　D]

　　　　　[P84 PINV,D]

说明:D 中数据的各位求反。

允许指定存储区类型

　　D:WY,WR,WL,SV,EV,DT,LD,FL,IX,IY

　　　允许索引寄存器修饰

步数:3

(十七)F85 NEG:16 bit 数据求补

形式:

　　　　　[F85 NEG,　D]

　　　　　[P85 PNEG,D]

说明:D 中的数据各位求反后加1(符号反转)。

允许指定存储区类型

　　D:WY,WR,WL,SV,EV,DT,LD,FL,IX,IY

　　　允许索引寄存器修饰

步数:3

(十八)F95 ASC:ASCII 码转换

形式:

　　　　　[F95 ASC,　S,D]

　　　　　[P95 PASC,S,D]

说明:将 S 中的字符串 12 个文字转换为 ASCII 码,结果存放于 D ~ D +5。

允许指定存储区类型

　　S:常数 M

　　　不允许索引寄存器修饰

　　D:WY,WR,WL,SV,EV,DT,LD,FL,IX

　　　不允许索引寄存器修饰

步数:15

五、项目评价

1.学生讨论

2.总结

(1)掌握四则运算指令的有关知识,能运用运算指令进行熟练地编程解决问题。

(2)掌握特殊内部继电器 R9013、R901C 的应用。

3.思考与练习

(1)试用四则运算指令计算 Y =23 +35 -17 的结果。

(2)分别用 BIN 算术运算指令和 BCD 算术运算指令完成下式的计算:

$$\frac{(1\ 234 + 4\ 321) \times 123 - 4\ 565}{1\ 234}$$

（3）完成4位BCD码减4位BCD码的运算，显示运算结果。

（4）完成4位BCD码乘4位BCD码的运算，显示运算结果。

（5）完成4位BCD码除4位BCD码的运算，显示运算结果。

■ 子项目三　机械手控制

一、项目目标

通过本项目的学习，学生能够掌握移位指令的有关知识。会应用移位指令进行梯形图编程，能灵活地将移位指令应用于各种控制中。掌握部分特殊内部继电器R9011的用法和功能。

二、项目准备

（一）项目分析

图7-7、图7-8分别是机械手工作示意图和动作时序图，机械手的任务是将传送带A上的物品搬运到传送带B。为使机械手动作准确，在机械手的极限位置安装了限位开关SQ1、SQ2、SQ3、SQ4、SQ5，对机械手分别进行抓紧、左转、右转、上升、下降动作的限位，并发出动作到位的输入信号。传送带A上装有光电开关SP，用于检测传送带A上物品是否到位。机械手的启、停由图中的启动按钮SB1、停止按钮SB2控制。

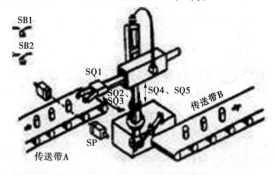

图7-7　机械手工作示意图

（二）相关知识：移位指令

1. SR：寄存器移位

梯形图如下：

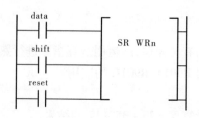

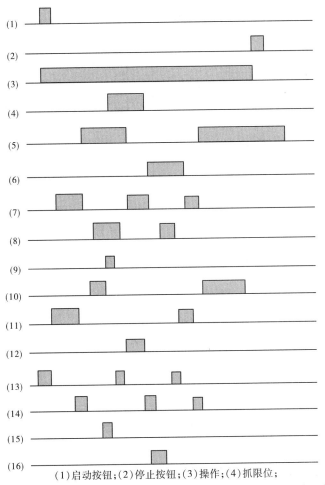

(1)启动按钮;(2)停止按钮;(3)操作;(4)抓限位;

(5)手臂左旋限位;(6)手臂右旋限位;(7)手臂上升限位;(8)手臂下降限位;

(9)物体检测;(10)传送带A;(11)手臂左旋;(12)手臂右旋;

(13)手臂上升;(14)手臂下降;(15)抓;(16)放

图7-8　机械手动作时序图

说明:将WRn向左移位1 bit。

允许指定继电器种类

　　D: WR

　　　　不允许索引寄存器修饰

步数:1

2. 部分特殊内部继电器

R9011,常开继电器,始终置OFF。

三、项目实施

(一)选择输入输出设备,分配I/O地址,绘制I/O接线图

机械手控制输入/输出接线图如图7-9所示。

输入:　　　　　　　　　　　　输出:

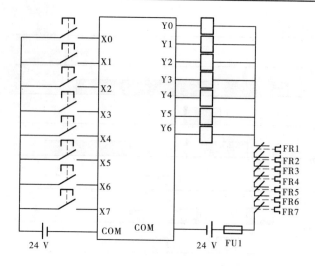

图 7-9　机械手控制输入/输出接线图

X0:启动开关　　　　　　Y0:传送带 A 运行

X1:停止开关　　　　　　Y1:驱动手臂左旋

X2:抓动作限位行程开关　　Y2:驱动手臂右旋

X3:左旋限位行程开关　　　Y3:驱动手臂上升

X4:右旋限位行程开关　　　Y4:驱动手臂下降

X5:上升限位行程开关　　　Y5:驱动机械手抓动作

X6:下降限位行程开关　　　Y6:驱动机械手放动作

X7:物品检测开关(光电开关)

1. 设计 PLC 控制程序梯形图

用移位指令编写的机械手控制梯形图如图 7-10 所示。

说明:这是一个典型的步进顺序控制系统,程序中使用移位指令实现这一控制,思路巧妙,结构清晰。

2. 用步进指令编写的机械手控制梯形图

用步进指令编写的机械手控制梯形图如图 7-11 所示。

说明:程序中使用了步进指令实现这些控制。虽然程序稍长,但可保证其动作顺序有条不紊,一环紧扣一环,表现出步进指令的突出优点,即使有误操作也不会造成紊乱,这是因为上步动作未完成,下步动作不可能开始。

(二)程序代码

用移位指令编写的机械手控制程序如图 7-12 所示。

用步进指令编写的机械手控制程序如图 7-13 所示。

(三)程序调试

用普通微型计算机或手持编程器均可输入程序进行调试,用微型计算机调试时,或换需要有配套的编程软件,松下软件 FPWIN GR 编程软件的写出梯形图。

按照图 7-9 所示的输入/输出接线图,接好各信号线、电源线以及通信电缆后,写入程序便可以观察运行效果。如果与控制要求不符,先看 PLC 的输入/输出端子上相应的信号指

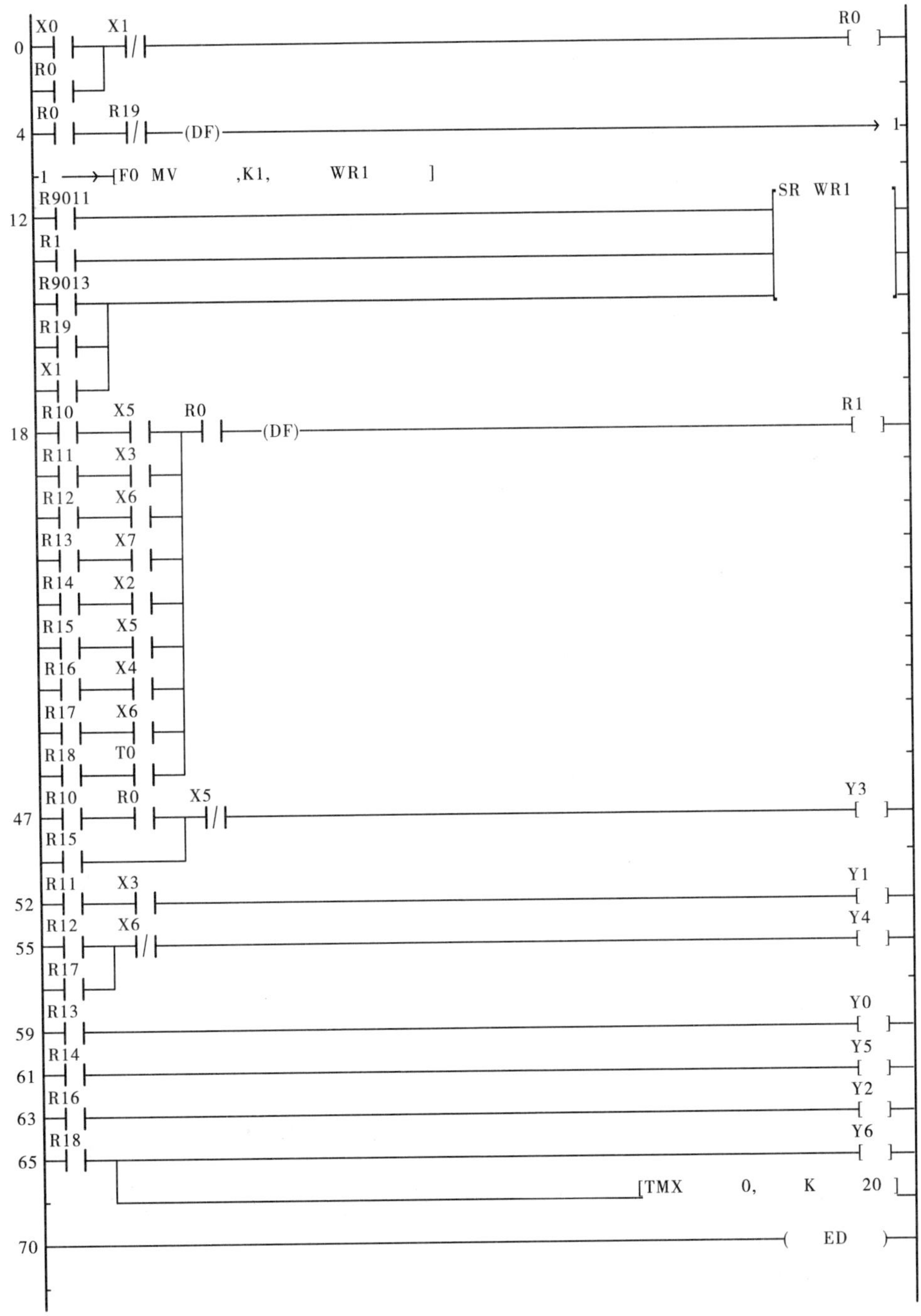

图 7-10　用移位指令编写的机械手控制梯形图

示是否正确,若信号指示正确,就说明程序是对的,需要检查外部接线是否正确、负载电源是否正常工作等。若 PLC 的输入/输出端子信号指示不正确,就需要检查和修改程序,反复修改、调试,直到正常按要求运行。

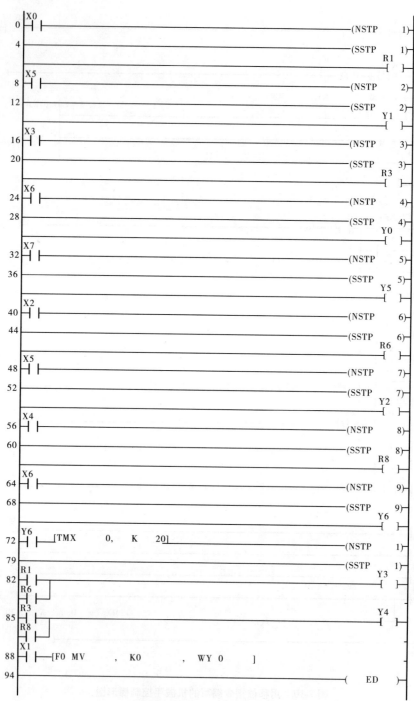

图 7-11　用步进指令编写的机械手控制梯形图

0	ST	X0		36	AN	X4
1	OR	R0		37	ORS	
2	AN/	X1		38	ST	R17
3	OT	R0		39	AN	X6
4	ST	R0		40	ORS	
5	AN/	R19		41	ST	R18
6	DF			42	AN	T0
7	F0	(MV)		43	ORS	
	K	1		44	AN	R0
	WR1			45	DF	
12	ST	R9011		46	OT	R1
13	ST	R1		47	ST	R10
14	ST	R9013		48	AN	R0
15	OR	R19		49	OR	R15
16	OR	X1		50	AN/	X5
17	SR	WR1		51	OT	Y3
18	ST	R10		52	ST	R11
19	AN	X5		53	AN	X3
20	ST	R11		54	OT	Y1
21	AN	X3		55	ST	R12
22	ORS			56	OR	R17
23	ST	R12		57	AN/	X6
24	AN	X6		58	OT	Y4
25	ORS			59	ST	R13
26	ST	R13		60	OT	Y0
27	AN	X7		61	ST	R14
28	ORS			62	OT	Y5
29	ST	R14		63	ST	R16
30	AN	X2		64	OT	Y2
31	ORS			65	ST	R18
32	ST	R15		66	OT	Y6
33	AN	X5		67	TMX	0
34	ORS				K	20
35	ST	R16		70	ED	

图 7-12　用移位指令编写的机械手控制程序

0	ST	X0		52	SSTP	7
1	NSTP	1		55	OT	Y2
4	SSTP	1		56	ST	X4
7	OT	R1		57	NSTP	8
8	ST	X5		60	SSTP	8
9	NSTP	2		63	OT	R8
12	SSTP	2		64	ST	X6
15	OT	Y1		65	NSTP	9
16	ST	X3		68	SSTP	9
17	NSTP	3		71	OT	Y6
20	SSTP	3		72	ST	Y6
23	OT	R3		73	TMX	0
24	ST	X6			K	20
25	NSTP	4		76	NSTP	1
28	SSTP	4		79	SSTP	1
31	OT	Y0		82	ST	R1
32	ST	X7		83	OR	R6
33	NSTP	5		84	OT	Y3
36	SSTP	5		85	ST	R3
39	OT	Y5		86	OR	R8
40	ST	X2		87	OT	Y4
41	NSTP	6		88	ST	X1
44	SSTP	6		89	F0	(MV)
47	OT	R6			K	0
48	ST	X5			WY	0
49	NSTP	7		94	ED	

图 7-13　用步进指令编写的机械手控制

四、知识拓展

（一）数据循环指令

1. F100 SHR :16 bit 数据右移 *n* bit

形式：

　　　　〔F100 SHR，　D，n〕

　　　　〔P100 PSHR，D，n〕

说明:将 D 中的数据向右移位 *n* bit。

允许指定存储区类型

　　D: WY,WR,WL,SV,EV,DT,LD,FL,IX,IY

　　　　允许索引寄存器修饰

　　n: WX,WY,WR,WL,SV,EV,DT,LD,FL,IX,IY,常数 K,常数 H

　　　　允许索引寄存器修饰

步数:5

2. F101 SHL :16 bit 数据左移 *n* bit

形式：

　　　　〔F101 SHL，　D，n〕

　　　　〔P101 PSHL，D，n〕

说明:将 D 中的数据向左移位 *n* bit。

允许指定存储区类型

　　D: WY,WR,WL,SV,EV,DT,LD,FL,IX,IY

　　　　允许索引寄存器修饰

　　n: WX,WY,WR,WL,SV,EV,DT,LD,FL,IX,IY,常数 K,常数 H

　　　　允许索引寄存器修饰

步数:5

3. F119 LRSR :左右移位寄存器

形式：

　　　　〔F119 LRSR，　D1，D2〕

说明:将 D1 ~ D2 区域作为寄存器,向左或向右移位 1 bit。

允许指定存储区类型

　　D1: WY,WR,WL,SV,EV,DT,LD,FL

　　　　不允许索引寄存器修饰

　　D2: WY,WR,WL,SV,EV,DT,LD,FL

　　　　允许索引寄存器修饰

　　D: WY,WR,WL,SV,EV,DT,LD,FL,IX

　　　　允许索引寄存器修饰

步数:5

※ 控制单元 Ver3.1 以上支持。

4. F120 ROR :16 bit 数据循环右移

形式:

　　　[F120 ROR,　D, n]

　　　[P120 PROR, D, n]

说明:将 D 中的数据向右循环移位 n bit。

允许指定存储区类型

　　D: WY,WR,WL,SV,EV,DT,LD,FL,IX,IY

　　　允许索引寄存器修饰

　　n: WX,WY,WR,WL,SV,EV,DT,LD,FL,IX,IY,常数 K,常数 H

　　　允许索引寄存器修饰

步数:5

5. F121 ROL:16 bit 数据循环左移

形式:

　　　[F121 ROL,　D, n]

　　　[P121 PROL, D, n]

说明:将 D 中的数据向左循环移位 n bit。

允许指定存储区类型

　　D: WY,WR,WL,SV,EV,DT,LD,FL,IX,IY

　　　允许索引寄存器修饰

　　n: WX,WY,WR,WL,SV,EV,DT,LD,FL,IX,IY,常数 K,常数 H

　　　允许索引寄存器修饰

步数:5

6. F122 RCR :16 bit 数据循环右移(带进位)

形式:

　　　[F122 RCR,　D, n]

　　　[P122 PRCR, D, n]

说明:将 D 中的数据带进位位 CY 标志 R9009 共 17 bit,向右循环移位 n bit。

允许指定存储区类型

　　D: WY,WR,WL,SV,EV,DT,LD,FL,IX,IY

　　　允许索引寄存器修饰

　　n: WX,WY,WR,WL,SV,EV,DT,LD,FL,IX,IY,常数 K,常数 H

　　　允许索引寄存器修饰

步数:5

7. F123 RCL:16 bit 数据循环左移(带进位位)

P123 PRCL:16 bit 数据循环左移(带进位位)

形式:

　　　[F123 RCL,　D, n]

　　　[P123 PRCL, D, n]

说明:将 D 中的数据带进位位 CY 标志 R9009 共 17 bit,向左循环移位 n bit。

允许指定存储区类型

　　D：WY,WR,WL,SV,EV,DT,LD,FL,IX,IY

　　　允许索引寄存器修饰

　　n：WX,WY,WR,WL,SV,EV,DT,LD,FL,IX,IY,常数 K,常数 H

　　　允许索引寄存器修饰

　　D：WY,WR,WL,SV,EV,DT,LD,FL,IX

　　　允许索引寄存器修饰

步数:5

五、项目评价

1. 学生讨论

2. 总结

(1)掌握移位指令的有关知识,能运用移位指令熟练地编程解决问题。

(2)掌握特殊内部继电器 R9011 的应用。

3. 思考与练习

(1)试用移位指令进行交通灯控制。

(2)利用移位指令使输出的 8 个灯从左至右以秒速度依次亮;当灯全亮后再从左至右依次灭。如此反复运行。

(3)利用左右移位指令 F119 LRSR,使一个亮灯以 0.2 s 的速度自左至右移动,到达最右侧后,再自右向左回左侧。如此反复。

(4)试用双向及循环移位指令编写出若干种节日彩灯循环显示的程序,并观察其运行结果。

(5)六盏灯单通循环控制。(用 SR WR 和数据传送指令实现)

要求:按下启动信号 X0,六盏灯(Y0 ~ Y5)依次循环显示,每盏灯亮 1 s。按下停车信号 X1,灯全灭。

(6)设计三层电梯模拟演示系统。要求以课题大作业形式完成程序设计、程序调试并有书面报告。

(7) 炉温控制系统设计。

要求:假定允许炉温的下限值放在 DT1 中,上限值放在 DT2 中,实测炉温放在 DT10 中,按下启动按钮,系统开始工作,低于下限值加热器工作,高于上限值停止加热,上、下限之间维持。按下停止按钮,系统停止。试设计该系统。

(8)送料小车控制系统设计。

送料小车控制系统如下:

要求:小车有三种运动状态,即左行、右行、停车。在现场有六个要求小车停止的位置,即行程开关 LS1~LS6,控制台有六个相应的请求停止信号 PB1~PB6 分别与每个行程开关相对应,并且当小车不在指定位置时,发出故障报警,不允许系统运行。系统还有一个启动按钮和一个停止按钮。

(9)PLC 内部时钟设计。

要求:考虑在 1995~2050 年的情况,显示年、月、日、时、分、秒。

要求以课题大作业形式完成程序设计、程序调试并有书面报告。

习 题

7-1 简述 CT 指令和 F118 指令的区别与联系。

7-2 简述 SR 指令和 F119 指令的区别与联系。

7-3 如何理解"条件触点"? 简述条件比较指令和 F60 指令的区别。

7-4 高级指令分为几类?

7-5 把 101~110 一组数分别存在 DT21~DT30 中,试编写这段程序。

7-6 试用 F6 指令实现十六进制数位传送时,若 n = H0130,画图说明源区的数据如何传送到目的区?

7-7 F35 指令和 F55 指令在应用时有什么区别?

7-8 在指令 F6(DGT)中,若 S = DT1 = H1234,n = H223,D = DT5 = H0,则指令执行后 DT5 中的数据是多少?

7-9 在指令 F37(-1)中,若 D = DT8 = H7890,则指令执行一次后 DT8 中的数据是多少? 该指令执行一次与执行多次的结果是否相同?

7-10 在使用 F355(PID)指令时要进行哪些相关的设置?

参考文献

［1］张凤珊.电气控制及可编程序控制器［M］.2 版.北京：中国轻工业出版社,2003.

［2］工厂常用电气设备手册编写组.工厂常用电气设备手册［M］.2 版.北京：中国电力出版社,1998.

［3］马志溪.电气工程设计［M］.北京：机械工业出版社,2002.

［4］刘增良,刘国亭.电气工程 CAD［M］.北京：中国水利水电出版社,2002.

［5］齐占庆,王振臣.电气控制技术［M］.北京：机械工业出版社,2002.

［6］史国生.电气控制与可编程控制器技术［M］.北京：化学工业出版社,2003.

［7］郁汉琪.电气控制与可编程序控制器应用技术［M］.南京：东南大学出版社,2003.

［8］张万忠.可编程控制器应用技术［M］.北京：化学工业出版社,2001.

［9］王兆义.小型可编程控制器实用技术［M］.北京：机械工业出版社,2002.

［10］吴晓君,杨向明.电气控制与可编程控制器应用［M］.北京：中国建材工业出版社,2004.

［11］李道霖.电气控制与 PLC 原理及应用［M］.北京：电子工业出版社,2004.

［12］魏艳君.多功能屋面 SP 板切割机［J］.机电一体化,2002(4):47-48.